KB151689

Galois Theory for Beginners
• A Historical Perspective •

초보자를 위한
갈루아 이론
• 역사적 조망 •

Jörg Bewersdorff 지음

송현종·심효섭 옮김

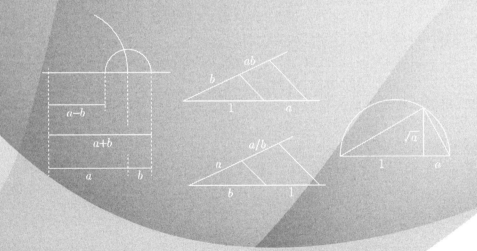

KM 경문사

우리말 번역을 마치며

중학교 때 배운 2차 방정식의 근의 공식을 바탕으로 조금만 관심을 가지면 인터넷이나 문헌조사를 통해 3, 4차 방정식의 근의 공식을 만나게 되고, 더 나아가 5차 이상의 일반방정식은 근의 공식을 갖지 않는다는 사실을 접하게 된다.

그러나 중·고교생들이나 이들을 가르치는 수학선생님들이 막상 고차 방정식의 일반해법에 대해 더 알아볼 요량이면 Galois 이론이라 부르는 거대한 산이 가로막고 있음을 알게 된다. 사실 고전적 Galois 이론은 1930-40년대 Emil Artin에 의해 선형대수학의 관점에서 재조명되고 표준화되어 오늘날 여러 현대대수학 교재에 널리 소개되어 있지만, 수학 비전문가가 읽기에는 벅찬 내용이다. 이에 Galois 이론에 대해 쓴 많은 책들 가운데 다음과 같은 장점을 지닌 이 책을 선택하였다.

- 비전문가인 독자의 눈높이에 맞추어 추상적 개념이 아닌 실제 계산에 바탕을 둔 논증.
- 근의 공식으로부터 Galois 군에 이르기까지 이 도구들의 발달과정을 역사적 순서로 전개함으로써 독자로 하여금 관련 수학 개념들의 인과관계에 대해 책을 읽어가는 과정에서 스스로 숙지하게 함.
- 추상적 개념을 필연적으로 수반하는 Galois 이론에 관한 부분은 책의 후반부에 배치하여 읽기를 독자에게 맡김.

Galois 대응으로 그 핵심 내용이 요약되는 Galois 이론은 1960년대 Alexander Grothendieck에 의해 새로운 전기를 마련한다. 이는 위상수학의 피복이론(covering theory)과 더불어 일반화되어 소위 Grothendieck-Galois 이론으로 불리며 현재에도 산술정수론, 대수기하학을 포함한 여러 분야의 수학자들의 관심을 끌고 있다.

대부분의 현대대수학 교과서는 Galois 이론의 근간이 되는 개념들을 중심으로 구성되어 있다. Galois 이론은 현대대수학의 꽃이라 할 수 있다. 이 아름다운 꽃을 피우기까지 오랜 세월 동안 수많은 수학자의 노력이 있었다. 이 책은 이러한 노력들에 대한 역사적 조망의 기회를 제공하고 있다.

이 머리글은 책의 첫 부분에 있으나 마지막에 쓴 글이다. 사실 이 책의 번역을 처음 시작했을 때 과연 이것이 의미 있는 일인지 회의를 갖기도 하였다. 이제 우리말 번역을 마치면서 처음에 느꼈던 회의는 확신으로 변하였다. Galois 이론과 관련된 이야기를 한국어로 독자들에게 들려줄 수 있게 될 것을 영광스럽게 생각하며, 많은 독자들이 이 아름다운 꽃의 향기를 맡을 수 있기를 설레는 마음으로 기대한다.

마지막으로, 출판을 맡아주신 경문사 여러분께 감사를 드린다. 아울러, 부경대학교 신준용 교수, 이완석 교수를 비롯하여 번역과 교정을 위해 도움을 준 여러분께 진심어린 감사를 드린다.

2015년 6월
역자 씀

영어판 머리말

이 책은 나의 독일어판 책 《*Algebra für Einsteiger: Von der Gleichungsauflösung zur Galois-Theorie, Vieweg*》, 2004의 번역이다. 독일어 원판은 연습문제를 추가하여 증편되었다. 이 책의 목적은 원판의 머리말에서 쓰여 있지만 몇 마디로 요약하면 대략적으로 다음과 같이 설명할 수 있다. 역사적 진전에 따라 가장 기초적인 방법으로 Galois 이론을 소개한다. 핵심은 항상 대수방정식들과 근호에 의한 해법에 대한 고전적 응용이다. 나는 이 책의 번역뿐 아니라 개선을 위해 여러 가지 제안을 하였던 David Kramer에게 감사드린다. 나는 또한 미국수학회(AMS)에 번역을 처음으로 제안했던 Vieweg의 Ulrike Schmickler-Hirzebruch와 번역을 관리한 AMS의 Edward Dunne에게도 감사드린다.

Jörg Bewesdorff

번역자의 말

나는 번역에 도움이 되는 협력을 해준 Jörg Bewesdorff와 미국수학회의 다음 몇 사람에게 감사를 표하고 싶다: 이 사업을 나에게 맡겨준 Edward Dunne와 친절하고 총명하게 TeX의 기술적 지원을 해준 Babara Beeton, 번역에 대한 꼼꼼한 원고편집을 해준 Arlene O'Sean.

David Kramer

수학은 사랑과 같다; 단순한 생각, 그러나 그것은 복잡해질 수 있다.

- R. Drabek

독일어 초판 머리말

이 책의 주제는 대수학에 있어서 한 고전적인 문제의 역사이다. 우리는 일변수 다항방정식의 근들을 기술하는 공식에 대한 탐색을, 그리고 연속된 실패가 마침내 어떻게 전혀 기대하지 않은 종류이자 사실은 수학에 있어서 근본적인 중요성을 갖는 지식을 이끌게 되었는가를 자세히 이야기할 것이다.

우리는 300년 동안에 걸쳐 많은 세계 최고의 수학자들이 직면하였던 연구대상을 간단히 살펴보기로 한다. 아마도, 친애하는 독자 여러분은 학창시절에

$$x^2 - 6x + 1 = 0$$

형태의 2차 방정식뿐만 아니라, '일반' 2차 방정식

$$x^2 + px + q = 0$$

의 근을 위한 '2차의 근의 공식'

$$x_{1,2} = -\frac{p}{2} \pm \sqrt{\frac{p^2}{4} - q}$$

을 기억할 것이다.

만약 이 공식을 다음의 예에 적용한다면, 두 개의 근

$$x_1 = 3 + 2\sqrt{2}, \ x_2 = 3 - 2\sqrt{2}$$

을 얻는다.

여러분이 만약 수치적 근에 관심이 있다면, 계산기를 꺼내서 (아마 여러분은 손으로 어떻게 제곱근을 계산하는가를 알고 있거나) 십진소수

$$x_1 = 5.828427\cdots, \ x_2 = 0.171572\cdots$$

를 얻는다. 또한 계산기를 사용하여 이 값들이 실제로 원래 방정식의 근들임을 확인할 수 있다. 공식으로부터 유도된 그 근들이 정확한 근임을 입증하기를 원하는 의심이 많은 사람은 그 방정식에 제곱근호를 포함하는 표현을 대입하여 이차식 $x^2 - 6x + 1$이 값 $x = x_1$과 $x = x_2$에서 실제로 사라지는 것, 즉 그 값이 영임을 보일 수도 있다.

고차 방정식의 해법

$$x^3 - 3x^2 - 3x - 1 = 0$$

와 같은 3차 방정식의 근을 2차의 경우와 유사한 공식을 사용하여 구하는 방법이 오랫동안 알려져 왔다. 사실, 그러한 공식들은 1545년 Cardano (1501-1576)에 의하여 그의 책 《*Ars Magna*》에서 처음으로 알려졌다. 그렇지만, 그 공식들은 너무 복잡하고, 수치적 계산을 위해 거의 쓸모가 없다. 사실상 무제한적인 계산능력의 시대에 수치적 알고리즘의 수단에 의하여 해를 결정하는 것이 충분히 가능하므로, 우리는 실제 응용에 있어서 뚜렷한 공식 없이 계산할 수 있다. 사실, 임의의 단일변수의 방정식에 대하여 반복적으로, 즉 한 단계씩 점점 더 정확히 요구되는 근을 계산하는 근사방법이 존재한다. 그러한 과정은 주어진 응용에 대하여 그 근이 적합한 정확도에 도달할 때까지 수행된다.

그러나 그러한 반복적인 수치적 과정은 앞의 예에서, $x_1 = 3.847322 \cdots$ 과 같은 근의 수치적 값뿐만 아니라 '정확한' 값

$$x_1 = 1 + \sqrt[3]{2} + \sqrt[3]{4}$$

을 찾으려 할 때는 적절하지 않다. 그런 대수적 표현은 어떤 아름다움이 내재하고 있을 뿐만 아니라, 게다가 그 방정식의 근으로부터 수학적 지식이나 원리를 유도하고자 한다면 수치적 근만으로는 불충분하다. 그럼 수치적 계산에 근거하여 다음 등식들을 가정해 보자.

$$\sqrt[3]{\sqrt[3]{2} - 1} = \frac{1}{3}\left(\sqrt[3]{3} - \sqrt[3]{6} + \sqrt[3]{12}\right),$$

$$e^{\pi\sqrt{163}} = 262537412640768744$$

그리고

$$2\cos\frac{2\pi}{17} = -\frac{1}{8} + \frac{1}{8}\sqrt{17} + \frac{1}{8}\sqrt{34 - 2\sqrt{17}}$$
$$+ \frac{1}{4}\sqrt{17 + 3\sqrt{17} - \sqrt{34 - 2\sqrt{17}} - 2\sqrt{34 + 2\sqrt{17}}}$$

자세히 들여다보지 않아도, 만약 실제로 그 식들이 옳다면 그런 등식 뒤에 수학적 법칙이 놓여 있을 것 같아 보인다. 실제로 식이 맞는지 또는 단지 우연한 수치적 근사의 결과인지를 결정하는 직접적인 검증은 어려울 것이다.[1]

그러나 Cardano는 3차 방정식의 해법에 더하여 쌍2차 방정식으로도 알려진, 즉 4차 방정식에 대한 일반적 공식을 그의 《*Ars Magna*》에 게재하였다. 그 공식을 사용하여, 방정식

$$x^4 - 8x + 6 = 0$$

가 이 근

$$x_1 = \frac{\sqrt{2}}{2}\left(\sqrt{\sqrt[3]{4+2\sqrt{2}} + \sqrt[3]{4-2\sqrt{2}}}\right.$$

$$\left. + \sqrt{-\sqrt[3]{4+2\sqrt{2}} - \sqrt[3]{4-2\sqrt{2}} + 2\sqrt{2\sqrt[3]{3+2\sqrt{2}} + 2\sqrt[3]{3-2\sqrt{3}} - 2}}\right)$$

을 갖는 것을 증명할 수 있다.

3차와 4차 방정식을 풀기 위한 공식들이 발견됨과 거의 동시에 피할 수 없이 고차 방정식들에 대한 유사한 공식들을 찾는 문제가 나오게 되었다. 그런 문제들을 풀기 위하여, 3차와 4차 방정식들에 사용된 증명들이 Cardano의 시대에 이미 체계화되어 5차 방정식들에 적용할 수 있었다. 그러나 3백년간의 실패 끝에 수학자들은 어쩌면 끝내 그러한 공식들이 없을 것이라는 의심을 갖기 시작하였다.

이 문제는 1826년 5차와 그 이상의 고차 방정식에 대한, 단지 보통의 산술연산과 근호 취하기만을 포함하는 일반적인 근의 공식이 존재할 수 없다는 것을 증명한 Niels Henrik Abel(1802-1829)에 의하여 해결되었다. 그런 방정식들은 '근호로 풀 수 없다'고 말한다. Abel의 증명의 핵심은 가설로 존재하는 공식에 나타나는 중간의 값들에 대하여, 모순을 이끄는, 그 방정식의 여러 근들 사이의 대응하는 대칭성을 증명할 수 있다는 것이다.

Galois 이론

Abel의 접근법의 일반화는 수년 뒤 20세의 Évariste Galois(1811-1832)에 의하여 발견되었으며, 모든 방정식에 적용 가능하였다. 그는 결투로 죽기 전날 밤에 이전의 몇 개월간의 그의 연구결과를 써놓았다. 이 저술 속에는 임의의 특정한 방정식을 조사하여 그것이 근호로 풀 수 있는지 없는지를 결정할 수 있는 판정법들이 있다. 예를 들어, 방정식

$$x^5 - x - 1 = 0$$

의 근들은 근호를 사용하여 나타낼 수가 없지만, 방정식

$$x^5 + 15x - 44 = 0$$

는 근

$$x_1 = \sqrt[5]{-1+\sqrt{2}} + \sqrt[5]{3+2\sqrt{2}} + \sqrt[5]{3-2\sqrt{2}} + \sqrt[5]{-1-\sqrt{2}}$$

을 갖는다.

그런 근들보다 훨씬 더 큰 중요성을 갖는 것은 Galois가 발견한 방법으로 그것은 그 당시에는 이단적인, 사실 혁명적인 것이었지만 요즈음에는 수학에서 아주 일상적인 것이다. Galois가 하였던 것은 완전히 다른 두 가지 수학적 대상들과 그 성질들 사이의 관계를 확립하는 것이었다. 이 방법으로 그는 이들 가운데 하나의 대상의 성질들, 즉 주어진 방정식의 풀이가능성과 풀이절차들을 대응하는 대상의 성질들로부터 읽어 낼 수 있었다.

미래의 수학에 유익한 것은 이 방법의 원리뿐만은 아니다. 더구나 Galois가 창안한 수학적 대상들의 부류가 그 자체로, 또 많은 중요한 응용을 갖는 중요한 하나의 수학적 대상이 되었다. 이 부류는 유사한 대상들과 함께 오늘날 현대대수학의 기초가 되었고, 수학의 다른 분야도 유사한 길을 따라 발전하였다.

Galois가 창안한, 임의의 주어진 방정식에 대응하는 대상은 오늘날 Galois 군(group)이라 하는 것으로, $x_1^2 = x_2 + 2$와 같은 등식들의 형태로 그 방정식의 근들 사이의 관계들의 기초 위에 정의될 수 있다. 구체적으로, Galois 군은 근들의 번호매기기들로 구성된다. 번호매기기에 의하여 임의의 관계가 이미 존재하는 관계로 바뀔 때만 그런 번호매기기가 Galois 군에 속한다. 따라서 우리의 예 $x_1^2 = x_2 + 2$의 경우에, $x_2^2 = x_1 + 2$가 성립할 때만 두 근 x_1과 x_2의 교환에 대응하는 번호매기기는 Galois 군에 속한다. 마지막으로, Galois 군에 속하는 임의의 번호매기기는 그 방정식의 근들의 한 대칭변환에 대응된다. 또한, Galois 군은 근들에 대한 지식 없이 결정될 수 있다.

Galois 군은 기초적이지만 특별히 세련되지는 않은 유한의 표에 의하여 기술될 수 있다. 그러한 표는 **군 연산표**(group table)라고 불리며, 그것은 일종의 곱셈표로 간주할 수 있는데 그것의 각 성분은 Galois 군의 두 원소를 연달아 연산한 결과이다. 그림 0.1에서 한 예를 보여준다. Galois 군과 대응하는 군 연산표의 중요성은 문제의 방정식을 근호로 풀 수 있는지 여부와 또 있다면 어떻게 풀릴 수 있는가에 대한 정보를 이들이 항상 포함한다는 것이다. 정확하게 말하자면, 어떤 구체적인 응용에 있어서는 이것의 증명이 단순하지 않음에도 불구하고 일정한 알고리즘을 따라 항상 유한번의 단계를 거쳐 해결될 수 있다.

	A	B	C	D	E	F	G	H	I	J
A	A	B	C	D	E	F	G	H	I	J
B	B	C	D	E	A	J	F	G	H	I
C	C	D	E	A	B	I	J	F	G	H
D	D	E	A	B	C	H	I	J	F	G
E	E	A	B	C	D	G	H	I	J	F
F	F	G	H	I	J	A	B	C	D	E
G	G	H	I	J	F	E	A	B	C	D
H	H	I	J	F	G	D	E	A	B	C
I	I	J	F	G	H	C	D	E	A	B
J	J	F	G	H	I	B	C	D	E	A

그림 0.1 방정식 $x^5 - 5x - 1 = 0$의 Galois 군은 근호에 의한 풀이가능성이 순전히 조합론적 수단으로 결정될 수 있게 하는 하나의 표로 표현된다. 이 방정식은 9.17에서 상세히 논할 것이다. 근호로 풀이불가능인 5차 방정식들은 크기가 60×60이나 120×120인 표를 갖는다.

오늘날, Galois의 아이디어들은 아주 추상적인 설정으로 교과서에서 기술된다. 20세기 초 소위 Galois 이론은 우리가 이미 언급했던 대수적 대상들의 모임을 이용하여 재구성되었는데 실은 그런 대상들을 사용하여 문제 자체를 제기하는 것이 가능하였다. 더 정확하게는 방정식과 그 근의 성질을 네 가지 기본 산술연산에 대해 닫혀 있는 공통적인 특성을 갖는 수 집합을 이용하여 특징지을 수 있다. 이 수 집합을 체(field)라고 부른다. 따라서 주어진 방정식

$$x^n + a_{n-1}x^{n-1} + \cdots + a_1 x + a_0 = 0$$

으로부터, 기본 산술연산을 연속적으로 사용하여 그 방정식의 계수로부터 얻을 수 있는

$$\frac{a_2}{a_0} - a_1^2 + a_0$$

와 같은 양을 포함하는 수들의 최소집합을 형성한다. 그러면 그 방정식의 계수에 근 x_1, x_2, $\cdots$을 추가하여, 주어진 방정식을 연구하는데 특별히 쓸모가 있는 확장된 수 집합을 얻게 된다. 따라서 이 집합은 예를 들어,

$$\frac{a_0}{a_2} x_1^2 - a_2 x_2 + a_1$$

와 같은 형태의 표현으로부터 얻을 수 있는 모든 수들로 이루어진다. 만약, 지금 주어진 방정식의 근들을 관련되는 근호들의 포개진 표현들로 나타내는 것이 가능하다면 계수들에 이러한 포개진 근호를 추가하여 확장된 체들을 얻을 수 있다. 이렇게 한 방정식의 임의의 근은 여러 겹으로 포개진 체들의 나열에 대응되고, Galois 이론의 주 정리에 따라 Galois 군을 분석하여 찾을 수 있다. 따라서 Galois 군만을 분석함으로써 한 방정식의 근들의 근호에 의한 표현 여부를 알 수 있다.

그림 0.2 Évariste Galois와 그의 마지막 편지의 한 조각. 이 글에서 그는 군 G가 그 부분군 H의 도움으로 어떻게 분해될 수 있는가를 기술하였다.

20세기 초에 이루어진 이러한 추상화는 오늘날에도 기본적으로 바뀌지 않은 채, 우리가 기술해온 문제에 대한 흥미의 초점이 달라지는 한 역사적 과정의 끝을 표시한다.

Cardano와 동시대 사람들의 주요 문제는 일반적으로 적용이 가능한 절차를 사용하여 명시적인 문제에 대한 구체적인 근들을 구하는 것이었다. 그러나 곧 관점이 바뀌어 그 초점은 방정식들의 중요한 성질에 있었다. Galois에 의하여 시작되었으나, 전적으로 20세기 초에 그 초점이 격렬하게 이동되었다. 군이나 체와 같은 추상적 대상들의 모임들이 맨 처음으로 이들 대상들의 창조를 이끈 그런 것들을 포함한 많은 문제들의 형식화에 대한 기초가 되었다.[2]

이 책에 대하여

가능한 많은 독자들에게 다가가기 위하여 (대학과정에서 얻는 수학에 대한 일반적인 지식만을 가정하여) 수학 교과서의 특징인 일반성이나 정확성, 완전성의 단계를 이루기 위한 어떤 시도도 하지 않았다. 오히려 생각이나 개념, 방법에 초점을 두고 어떤 구체적인 응용에 적용할 수 있는 만큼 나타내고, 가능한 풍부한 문헌에서 읽을거리를 더 구하도록 하였다. 이러한 전개에 있어서 복잡한 증명은 있을 곳이 없다. 그럼에도 불구하고, 증명은 의심할 바 없이 수학과의 진정한 약속의 중추이다. 타협의 정신으로, 어려운 증명들은 마지막 장만을 제외하고는 주요 문장으로부터 떨어지게 하여 문맥의 끊김이 없이 논리적 빈틈을 피할 수 있도록 하였다.

특히 금세기 현대수학의 발전이 자연과학의 발전보다 훨씬 덜 알려져 있고, 또한 기원의 오류와 중요한 발견에 대해 변천사를 제공하는 것이 굉장히 흥미로운 것이 될 수 있기 때문에 어떤 주제에 대한 역사적 발전을 매우 강조할 것이다.

이에 더해, 역사적 발전에 따라 전개하는 방식은 수많은 수학적 추상화를 개별적 연구의 자연스러운 결과로 보이게 하는 이점이 있다. 그리하여 그것이 완전히 임의적으로 어쩌다 하늘에서 떨어진 이유 없는 정의와 함께 시작하는 인상을 절대로 갖지 않게 해준다. 그와 동시에, 우리는 아주 큰 일반성을 추구하는 작업에서 포함시켜야 되는 수많은 자료를 배제시킬 수 있다. 그러나 우리의 접근방식은 중요한 결점도 갖고 있다. 즉, 이들이 아무리 기본적인 것이라 하더라도 수많은 복잡한 계산들이 필수적이며, 그 계산의 결과를 질적인 관점에서 볼 때 일반원리를 바탕으로 훨씬 간단하게 얻을 수도 있다.

이 책을 수학 교과서와 가능한 차별화하기 위해 나의 책 《Luck, Logic, and White Lies》(행운, 논리, 그리고 선한 거짓말)에서와 같은 전개방식을 채택했다. 각 장은 보통 제기된 질문에 단순히 답하는 것 그 이상이지만, 주로 간결하고 다소 수사적인, 독자로 하여금 향후 그 장의 성격과 난이도에 대해 대략 알 수 있도록 하는 질문으로 시작된다. 이러한 구조는 또한 수학적으로 더욱 수준이 높은 독자들로 하여금, 이곳에 제시된 개요가 가끔 너무 피상적이고 완전하지 않겠지만, 책의 어느 부분들이 특정 관심에 부합하는지 빨리 결정할 수 있게 하고, 그런 다음에 참고문헌에 대한 출전이 추가적인 읽을거리를 보여줄 것이다.

개별 장들의 주제들은 서로 밀접하게 짜여 있어 하나하나의 장들을 독립적으로 읽는 것이 어려울 것이다. 그럼에도 불구하고, 오직 어떤 주제의 특정한 측면에만 관심이 있는 독자는 관련 장을 바로 읽기를 권장한다. 또 다른 장의 인용을 마주치더라도 적어도 그 대목에서 이행된 계산의 세부 사항은 다음 장들을 이해하는 데에 필요하지 않을 것이기 때문이다. 물론 각 장의 시작에서는 이전 장의 계산이 너무 어려웠다면 다시 시작할 기회를 제공해준다.

아주 추상적인 토론을 멀리하고 싶은 독자들은 다음 권장사항을 따르는 것도 좋은 방법이다.

- 제1장에서 제6장까지 장식 칸의 절에 있는 증명들은 생략해도 좋다.
- 제7장에서 정17각형을 다루는 첫 부분이 다음 장들을 이해하기 위해서 유일하게 필요한 부분이다.
- 제8장은 모두 생략할 수 있다.
- 제9장에서 마지막에 있는 장식 칸의 절은 생략해도 된다.
- 제10장과 맺는말을 생략해도 된다.

전형적인 '대수학 I' 과정을 따르고 싶은 독자는 Galois 이론을 다루는 제9장과 제10장, 그리고 맺는말을 중심으로 읽어야 한다. 주제에 대한 심층적 이해를 위해선 다음이 특별히 중요하다. 즉, 대칭다항식들에 대한 가장 핵심적인 정리(제5장), 다항식들의 인수분해(제6장), 그리고 원분(원의 분할)에 관련된 개념들(제7장). 나머지 장들에 얼마만큼의 상대적 관심을 주어야 하는지는 독자의 관심과 사전지식에 달려 있다.

방정식의 해법에 대한 소개는 주제에 대한 역사적 발전에 따라, 다음 세 가지로 나누어진다.

- 다소 복잡한 방정식들의 동치변형을 바탕으로 한 고전적 해법은 역사적으로 2차, 3차, 그리고 4차 방정식들에 대한 일반적인 공식을 유도하기 위해 쓰였다.~(제1장에서 제3장까지)
- 개개의 계산과정들의 중간 결과들을 구하려는 근 전체를 이용하여 나타

낼 수 있게 되면서, 발견된 근의 공식들의 체계적인 연구가 가능해졌다.~(제4장과 제5장) 이는, 다항식들의 등식들에 의하여 형식화할 수 있는 근 사이의 특별한 관계들을 보여준다는 점에서 일반적인 형태의 그것들보다 덜 복잡한, 특별한 형태의 방정식의 해법을 이끈다. 더 낮은 차수로 분해할 수 있는 방정식 외에도,~(제6장) 소위 원분방정식 $x^{n-1} = 0$이 이러한 덜 복잡한 방정식들의 예이다.~(제7장) 마지막으로, 제8장에서 서술되는, 5차 방정식의 일반적인 근의 공식을 구하려던 시도가 이 부분에 포함되어야 하는데, 그 결과는 특별한 경우에만 작동하는 공식이다.

• 근의 공식을 구하려는 체계적인 시도를 바탕으로, 우리는 결국 근호에 의한 방정식들의 풀이가능성의 한계에 도달하였다. Abel과 Galois에 의하여 인식되고 연구된 것으로 알려진 이러한 한계들은 제5장의 간단한 미리보기를 제외하고, 제9장과 제10장에서 다뤄진다. 여기서는 Galois 군에 초점을 맞춘다.

Galois 군의 연구와 함께 우리는 첫 장들의 난이도를 훨씬 넘어서는 수준에 도달한다. 그러므로 두 가지의 서로 다른 전개가 주어진다. 제9장에서는 소개되는 개념들의 범위를 최대로 줄여 상대적으로 기초적인 개요가 많은 예들과 함께 주어진다. 여기서 생기는 틈들은 제10장에서 채워지며, Galois 이론의 핵심적인 정리로 이끄는데, 이는 앞에서 언급한 사칙연산에 대하여 닫혀있는 체(fields)라 불리는 수학적인 개념을 포함한다. 이 개념들에 대한 논의는 Galois 이론과 관련된 적절한 국면까지로 제한될 것이다.

이 책에 담긴 것 이상으로 Galois 이론을 이해하고 싶은 독자는 현대대수학의 어떤 교과서로 넘어가도 좋다. 사람들은 그런 책들의 대표적 고전으로, 각각 1930년과 1948년에 초판을 낸, Bartel Leendert van der Waerden (1903-1996)의 《Algebra》와 Emil Artin (1898-1962)의 《Galois theory》를 언급하겠지만, 반대로 현재의 책이 예시와 역사적 동기를 제시한다는 점에서 일반적인 대수학 교과서의 연장으로 봐도 될 것이다.

감사의 말

이 책의 탄생을 함께 한 모두에게 감사하고 싶다: Jürgen Behrndt, Rudolf Ketter, Franz Lemmermeyer의 조언과 많은 도움으로 오류를 상당히 줄일 수 있었다. 물론 그래도 남은 오류들은 전적으로 나의 잘못이다. 이 책의 출판을 받아준 Vieweg-Verlag과 그 편집장 Ulrike Schmickler-Hirzebruch에게 감사하며, 마지막으로 아내 Claudia에게 감사하다. 그녀의 인내 없이 이 책은 완성되지 못했을 것이다.

독일어 제2판 서문

이 책의 초판이 단 2년 안에 모두 팔렸다는 기쁜 일이 나의 참고문헌을 늘릴 기회를, 그리고 몇몇 예리한 독자들, 특히 Daniel Adler, Ulrich Brosa, Kurt Edwald, Volker Kern, Ralf Krawezyk, Heinz Lüneburg가 발견한 오류들을 고칠 기회를 주었다.

독일어 제3판 서문

다시금 고마워할, 오류를 발견한 예리한 독자들이 있다: Erwin Hartmann, Alfred Moser, 그리고 영어판의 번역자이기도 한 David Kramer. 마지막으로, 내가 자주 언급했던, 독자를 위해 연습문제 묶음과 함께 책을 제공하겠다는 바람을 이루었다.

오류나 부적절한 점들을 이메일 mail@bewersdorff-online.de로 알려주기 바란다. 최대한 노력하여 한 답을 할 것이다. 추가사항과 오류수정은 나의 웹사이트에 게시될 것이다: http://www.bewersdorff-online.de. AMS도 이 책에 대한 웹페이지를 갖고 있다: www.ams.org/bookpages/stm1-35.

1) 나는 처음과 셋째 등식만이 옳다는 것을 밝힌다. 첫째 등식은 인도 수학자 Ramanujan(1887-1920)에 의하여 발견되었고 쉽게 체크할 수 있다. 셋째 등식은 제7장에서 논의될 것으로, 그 안에 정17각형이 자와 컴퍼스로 작도할 수 있다는 증명을 포함한다. 둘째 등식은 맞지 않다. 오른쪽의 실제 값은

$$262537412640768743.9999999999992501\cdots$$

이다. 그러나 이 근사식은 단지 우연 이상이며, 그것은 어떤 깊은 정수론적 관계에 근거한다. 이에 대한 더 많은 것을 알고 싶다면, Philip J. Davies, Are there coincidences in mathematics? *American Mathematical Monthly* 88(1981), pp. 311-320을 참조하여라.

2) 특히, 주요한 응용의 대부분은 특히 암호, 예를 들어, 1978년 실현된 공개키 코드처럼 현대 정보이론 속에서 발견된다. 이러한 비대칭적 암호화 과정에서, 암호문으로 바꾸는 키는 권한 밖의 해독의 위험이 없이 공개된다. RAS나 ElGamal과 같은 공개키 암호화 알고리즘에 대한 수학적 근거는 아주 큰 ─ 그러나 유한인 ─ 개수의 원소를 갖는 (정확히 말하자면, 그 대상들은 잉여류환들과 유한체 위에 정의된 타원 곡선들) 특별한 대수적 대상들 속에서 수행되는 계산들이다. 이 주제에 대한 소개를 Johannes Buchmann, *Introduction to Cryptography*, Springer, 2004에서 얻을 수 있다.

차례

제1장

3차 방정식

어떤 수에 그 수의 세제곱근을 더하였을 때 6이 나오는 수를 구하여라.

1.1 위에 주어진 것과 유사한 유형의 문제들이 여러 세대에 걸쳐 학생들의 '흥미를 끌어' 왔다. 이러한 문제들은 적어도 수백 년의 역사를 갖고 있다. Tartaglia(말더듬이)로 더 잘 알려진 Nicollò Fontana(1499 또는 1500 ~1557)에게 한 수학경시대회에서 제시된 첫 30개의 문제들 중에도 이러한 문제들이 나온다. 그의 경쟁자는 Antonio Fior(1506~?)였으며, Tartaglia는 그에게 역시 30개의 문제들을[1] 제시하였다.

보통 해답에 이르는 길은 문제를 나타내는 방정식을 찾는 데서 시작한다. 우리의 예문의 경우, 문제의 세제곱근을 x로 나타내면 방정식

$$x^3 + x - 6 = 0$$

을 얻는다. 그런데 이 방정식을 어떻게 풀 수 있는가? 2차 방정식은 '완전 제곱 꼴로 나타내기'로부터 언제나 근을 구할 수 있다. 그래서 단순히 제곱 근을 취하면 근이 바로 나온다. 즉, 일반적인 2차 방정식

$$x^2 + px + q = 0$$

의 경우, 양변에 $\left(\dfrac{p}{2}\right)^2$을 더한 뒤 상수 항 q를 식의 오른쪽으로 이항하여 아래 식을 얻는다.

$$x^2 + px + \left(\frac{p}{2}\right)^2 = \left(\frac{p}{2}\right)^2 - q$$

여기서 왼쪽 항을 완전제곱 꼴로 나타내면

$$\left(x + \frac{p}{2}\right)^2 = \left(\frac{p}{2}\right)^2 - q$$

이 된다. 그리고 제곱근을 취하여 다음과 같은 일반적 근의 공식을 얻는다.

$$x_{1,\,2} = -\frac{p}{2} \pm \sqrt{\frac{p^2}{4} - q}$$

2차 방정식에 대한 다음의 중요한 성질을 주목하자. 즉, 두 근의 합의 음의 값과 두 근의 곱으로부터 원래의 2차 방정식의 계수를 얻을 수 있다. 즉,

$$x_1 + x_2 = -p, \ x_1 x_2 = q$$

이렇게 완전제곱 꼴로 나타내는 것은, 기하학적 취급의 형태로, 이미 기원전 1700년경 바빌로니아 사람들에게 알려져 있었다. 2차 방정식은 바그다드의 학자 al-Khwarzmi(기원후 780~850)의 저서들 속에서 체계적으로 다루어졌으며, 이후 라틴어로 번역되었고 수세기 동안 유럽에서의 수학의 발전을 촉진하였다. 그의 이름은 영어단어 algorithm(알고리즘)의 기원이다. 또한, 단어 algebra(대수학)는 그의 한 저서의 제목인 al-jabr로부터 유래하였다.

현대의 관점에서 볼 때, al-Khwarzmi가 2차 방정식을 다루는 방법은 매우 어색하였다. 모든 명제와 증명은 아직 수학기호가 발견되기 이전으로, 대수적 기호를 사용하지 않고 말로써 표현하였다. 더욱이 모든 논법은 기하적인 성격을 띠고 있었다. 끝으로, 이때까지 음수는 아직 발견되지 않았고 당연히 기하학적인 의미가 주어지지도 않았으므로, al-Khwarzmi는 오늘날

$$x^2 = px, \ x^2 = q, \ x^2 + q = px, \ x^2 + px = q, \ x^2 = px + q$$

로 표현되는 방정식들의 여러 가지 형태를 구별했어야 했다. 지금은 영이나 영보다 작은 수를 계수로 허용하기 때문에 모두 하나의 형태로 줄여서 표현할 수 있는 것들이다.

그림 1.1은 al-Khwarzmi가 사용한 논법의 흔적을 보여준다.

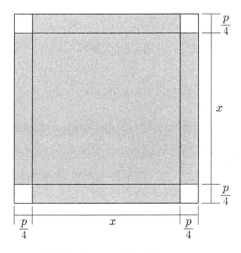

그림 1.1 2차 방정식 $x^2 + px = q$를 다루는 al-Khwarzmi의 방법
– 회색 영역의 넓이가 상수 항 q에 대응한다.

그림으로부터, 공식

$$x = \sqrt{q + 4\left(\frac{p}{4}\right)^2} - \frac{p}{2}$$

에 대응하는 계산을 사용하여 구하고자 하는 내부 정사각형의 한 변의 길이 x를 빗금 친 영역의 넓이 $q = x^2 + px$로부터 계산할 수 있음을 알 수 있다.

1.2 본론에서 벗어나 2차 방정식에 대하여 살펴보았다. 다시 Fior에 의해 제시된 문제로 관심을 돌리자. Fior가 문제들을 제시하던 당시,

al-Khwarzmi 이후 약 700여 년 동안 수학은 거의 진전을 보이지 못하였다. 유럽의 수학은 주로 아랍이나 고대 그리스 시대의 활발했던 이전의 시기에 획득했던 지식의 범주에 머물러 있었다. 아라비아 숫자가 유럽에 소개되었고, 이는 교역에 필요한 수학적 계산의 요구를 충족시켜주었다. 그러한 계산은 일반적으로 직업적인 계산전문가에 의해 수행되었다.

수학이 많은 상업적인 응용에 사용되었지만, 음수는 알려지지 않았다. 더욱이 수학기호의 발전 속도는 매우 느렸다. 예를 들어, 15세기에 식

$$\sqrt[3]{31 - \sqrt{16}}$$

를 나타내기 위한 기호로 $R3\ V31\ m\ R16$이 사용되었다

16세기 초, 아랍수학을 능가하는 최초의 커다란 진전이 볼로냐 대학에서 가르치던 Scipione del Ferro(1465?~1526)에 의해 이루어졌다. 십여 년 후에 그의 책 《Ars Magna》[2])에서 알려진 것처럼, Cardano는 일반 3차 방정식, 즉

$$x^3 + px = q$$

형태의 방정식의 해법을 최초로 제시한 사람이었다. del Ferro는 그의 해법을 일반에게 공개하지 않고 그의 학생인 Antonio Fior에게 알려주었다. 이 당시 Tartagria라는 별명의 Niccolo Fontana는 베니스에서 계산 전문가로서 활동하고 있었다. Tartagria는 이탈리아에서 최고의 수학자들 가운데 한 사람이었다.[3]) 실제로, 그는 $x^3 + px^2 = q$ 형태의 3차 방정식을 풀 수 있는 방법을 알아내었다. 그러나 그의 해법은 근을 쉽게 구할 수 있는 특수 방정식을 세우는 방법보다 덜 일반적인 것처럼 보인다.[4])

이 장의 시작에서 언급했던 경시대회에서 Fior는 Tartagria에게 $x^3 + px = q$ 형태의 문제 30개를 제시하였고, 반대로 Tartagria는 $x^3 + px^2 = q$ 형태의 문제들을 포함한 다소 비전형적인 문제 30개를 제시하였다. 처음에는

어느 누구도 제시된 문제를 풀지 못하였다. 그러나 대회가 막 끝나갈 무렵인 1535년 2월 13일 Tartagria는

$$x^3 + px = q$$

형태의 문제를 푸는 방법을 알아내었다. Ferro나 Fior처럼 그도 해법을 비밀에 부쳤다.

그리고 오늘날 3차 방정식의 근의 공식에 그 이름이 붙여진 인물이 무대 위로 등장하였다. 오늘날 Cardano 파동과 Cardano 서스펜션의 발견으로 유명하고 실제로는 직업이 의사로 알려졌던 Girolamo Cardano는, 뒤에 Tartagria가 밝힌 바에 따르면, 비밀로 하겠다는 보증과 함께 Tartagria를 설득하여 그의 공식을 알려주도록 하였다고 한다. 그럼에도 불구하고, Cardano는 당시의 대수학 분야 지식을 기술한 책《*Ars Magna*》에 근을 구하는 과정을 공표하였다.[5]

3차 방정식의 해법은 3차 이항전개 공식

$$(u + v)^3 = u^3 + v^3 + 3uv(u + v)$$

에 기초를 두고 있는데, Cardano는 2차 방정식에 대하여 al-Khwarzmi에 의하여 사용된 기하학적인 해법에 대응하는 유사한 방법으로 유도할 수 있었다. 물론, 이 경우 논법은 3차원 도형과 부피의 개념을 이용하였다. (그림 1.2 참조)

그러나 이 등식은 하나의 3차 방정식으로 해석될 수 있는데, 이 때 조건

$$3uv = -p,$$
$$u^3 + v^3 = -q$$

를 만족하면 그 합 $u + v$로부터 3차 방정식

$$x^3 + px + q = 0$$

의 한 근 x를 얻게 된다. 조건을 만족하는 u와 v를 알 수 있으면 3차 방정식 $x^3 + px + q = 0$을 풀 수 있다. 그런데 그것은 비교적 쉬운 일이다. 수량 u^3와 v^3의 합과 곱은 알려져 있으므로, 방정식

$$w^2 + qw - \left(\frac{p}{3}\right)^3 = 0$$

을 풀어 그 두 근

$$-\frac{q}{2} \pm \sqrt{\left(\frac{q}{2}\right)^2 + \left(\frac{p}{3}\right)^3}$$

으로 u^3와 v^3을 얻을 수 있고, 따라서 아래와 같이 u와 v를 구한다.

$$u = \sqrt[3]{-\frac{q}{2} + \sqrt{\left(\frac{q}{2}\right)^2 + \left(\frac{p}{3}\right)^3}}, \quad v = \sqrt[3]{-\frac{q}{2} - \sqrt{\left(\frac{q}{2}\right)^2 + \left(\frac{p}{3}\right)^3}}$$

마침내, 3차 방정식 $x^3 + px + q = 0$의 근 x는 Cardano의 공식

$$x = \sqrt[3]{-\frac{q}{2} + \sqrt{\left(\frac{q}{2}\right)^2 + \left(\frac{p}{3}\right)^3}} + \sqrt[3]{-\frac{q}{2} - \sqrt{\left(\frac{q}{2}\right)^2 + \left(\frac{p}{3}\right)^3}}$$

으로부터 얻을 수 있다.

이 결과를 우리가 서두에 소개하였던 문제 $x^3 + x - 6 = 0$에 적용하면 근

$$x = \sqrt[3]{3 + \frac{2}{3}\sqrt{\frac{61}{3}}} + \sqrt[3]{3 - \frac{2}{3}\sqrt{\frac{61}{3}}}$$

을 얻을 수 있는데, 십진소수로 나타내면 약 1.634365이다.

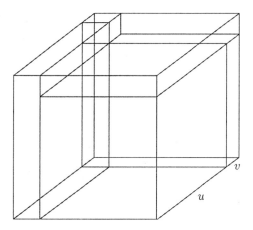

그림 1.2 여기에 묘사된 것은 이항전개식

$$(u+v)^3 = u^3 + v^3 + 3uv(u+v)$$

의 기하학적 기초로, Cardano의 Ars Magna에 있는 표현과 유사한 것이다. 큰 정육면체는 두 개의 부분 정육면체와 변의 길이가 모두 u, v와 $u+v$인 세 개의 직각 평행육면체로 분해될 수 있다.

1.3

Cardano는 그의 책 *Ars Magna*에서 2차 항을 포함하는 3차 방정식의 풀이를 다루었다.[6] 서문에서 이미 2차 항을 갖는 그러한 3차 방정식의 예

$$x^3 - 3x^2 - 3x - 1 = 0$$

을 알고 있다. 그런 방정식을 풀기 위하여, Cardano는 이를 일반적으로 적용할 수 있는 절차에 의해 $y^3 + py + q = 0$와 같은 형태의 방정식으로 변환하였다.

일반적인 형태의 3차 방정식

$$x^3 + ax^2 + bx + c = 0$$

과 함께 시작하면, 그 변환은 구하고자 하는 근 x에 $\frac{a}{3}$를 더하는 것으로 이루어지는데 이것은 아래와 같이 좌변의 2차 항과 3차 항을 결합시켜 우변 식을 낳는다.

$$x^3 + ax^2 = \left(x + \frac{a}{3}\right)^3 - \frac{a^2}{3}x - \frac{a^3}{27} = \left(x + \frac{a}{3}\right)^3 - \frac{a^2}{3}\left(x + \frac{a}{3}\right) + \frac{2}{27}a^3$$

이 방정식의 계수들의 완전한 변환을 얻기 위하여, 그 방정식에 나타나는 모든 x를

$$x = y - \frac{a}{3}$$

로 치환하여 y의 차수가 같은 항들을 모으면 등식

$$x^3 + ax^2 + bx + c = y^3 + py + q = 0$$

을 얻을 수 있다. 여기서

$$p = -\frac{1}{3}a^2 + b,$$

$$q = \frac{2}{27}a^3 - \frac{1}{3}ab + c$$

Cardano의 공식을 이용하여 간소화된 3차 방정식 $y^3 + py + q = 0$의 근을 구한 뒤, 치환 $x = y - \frac{a}{3}$에 의해 원래의 방정식 $x^3 + ax^2 + bx + c = 0$의 근을 구할 수 있다. 구체적인 예 $x^3 - 3x^2 - 3x - 1 = 0$에 있어서 $x = y + 1$로 치환하여 방정식

$$y^3 - 6y - 6 = 0$$

을 얻고, Cardano의 공식을 써서 이것의 근을 구하면

$$y = \sqrt[3]{2} + \sqrt[3]{4}$$

이므로 원래의 방정식의 근

$$x = 1 + \sqrt[3]{2} + \sqrt[3]{4}$$

를 얻게 된다.

Cardano의 《*Ars Magna*》에서 입증된 계산상의 진전과 더불어, 미래의 수학의 발전에 도움이 되는 것으로 알려진 두 가지 기본적인 발전이 발견된다. 즉, 첫째는 음수를, 다음은 복소수를 포함하는 수집합의 확장이다. Cardano가 음수를 사용하였다면 $x^3 + px = q$나 $x^3 = px + q$와 같은 여러 가지 형태의 3차 방정식들을 하나의 형태로 풀 수 있었겠지만, 실제로 《*Ars Magna*》에서 음수를 사용하지 않았다. 그러나 그는 방정식의 '진짜' 근과 더불어 음수 근도 '가짜' 근이라고 기록함으로써, 수에 대해서도 상당히 포용력 있는 태도를 보였다. Cardano에게 있어서, 어떤 방정식의 '가짜' 근이 x를 $-x$로 바꾸어 얻은 방정식의 '진짜' 근과 대응되었다. 예를 들어, Cardano에게 -4는 $x^3 + 16 = 12x$의 가짜 근이지만, 4는 $x^3 = 12x + 16$의 진짜 근이다.[7]

1   다음 3차 방정식의 근을 구하여라.

$$x^3 + 6x^2 + 9x - 2 = 0$$

2   3차 방정식

$$x^3 + 6x - 20 = 0$$

은 2를 근으로 갖는다. Cardano의 공식을 이용하여 어떻게 이 근을 구할 수 있는가?

1) Fior가 제시했던 30 문제들의 완전한 목록은 다음에서 찾을 수 있다. Renato Acampora, "*Die cartelli di mathematica disfida*". *Der Streit zwischen Nicolò Tartagrlia und Ludovico Ferrari*. Institut fur die Geschichte der Naturwissendschaften (Reihe Algorismus. 35), Munich, 2000, pp. 41-44. 또, 다음을 참고하여라. Friedrich Katscher, *Die kubischen Gleichungen bei Nicolò Tartaglia: die relevanten Textstellen aus seinen "Quesiti et inventioni diverse" auf deutsch übersetzt und kommentiert*, Vienna, 2001.

2) Girolamo Cardano, *The great Art or the Rule of Algebra*. 1570년판과 1663년판으로부터 추가된 1545년판의 영역본(Cambridge, Massachusetts, 1968); 제1장의 첫 부분과 제11장을 참조.

3) 계산의 대가, 특히 Tartaglia라는 사람의 성취에 대한 발상을 Dieter Jörgensen의 역사적 소설인 *Der Rechenmeister*, Berlin, 1999에서 찾아볼 수 있다. 소설의 상당 부분은 3차 방정식의 근의 공식의 발견과 그에 따른 갈등을 다룬다.

4) Renato Acampora에 인용된 저서 pp. 32-34를 참조하여라. 한편, Tartaglia가 Archimedes의 연구결과를 공부해온 것으로 알려진다는 사실에 근거하여, Philip Schultz는 Tartaglia가 포물선 $y = x^2$와 쌍곡선 $y = -q/(x+p)$가 만나는 점을 결정하는 데 기하학적 방법을 사용할 수 있었다고 추측한다. (Tartaglia, Archimedes and cubicequations, *Australian Mathematical Society Gazette* 11 (1984), pp. 81-84)

5) Cardano가 일방적으로 약속을 깬 결과는 Tartaglia와 Cardano 사이에 큰 싸움을 초래하였다. 우리가 《*Ars Magna*》에 이르기까지의 역사적 지식을 갖게 된 것은 이 논쟁에 대한 기고들 때문이다. (이전의 주석에 언급된 연구결과들을 참조하여라.)

6) 《*Ars Magna*》, 제XXIII장

7) 《*Ars Magna*》, 제I장

제2장

환원불능의 경우: 복소수의 탄생

Cardano의 공식을 이용하여 3차 방정식 $x^3 = 8x + 3$을 풀다보면, 공식이 성립하지 않는 것처럼 보인다. 그러나 이것이 이 방정식이 근을 갖지 않음을 의미하는 것은 결코 아니다. 왜냐하면, $x = 3$은 명백히 하나의 근이기 때문이다.

2.1   제1장에서 소개된 문제와 같이, 위의 방정식도 Cardano의 책 《*Ars Magna*》에서 나온 것이므로 고전적인 문제라고 할 수 있다.[1) 그러나 3을 단순히 근으로 제시한 후 두 개의 다른 근을 계산한 Cardano는, 비록 그가 알아채지 않았다고 할 수는 없지만, 그의 공식으로부터 시작되는 어려움 속으로 더 깊이 들어가지 않았다.[2)

이것에 대하여 자세히 살펴보기로 하자. 주어진 방정식의 계수 $p = -8$과 $q = -3$으로부터, 구하려는 근 $x = 3$이 아닌 복잡한 표현인

$$x = \sqrt[3]{\frac{3}{2} + \frac{19}{6}\sqrt{-\frac{5}{3}}} + \sqrt[3]{\frac{3}{2} - \frac{19}{6}\sqrt{-\frac{5}{3}}}$$

을 얻는다. 음수의 제곱근 때문에, 이것을 간단히 하는 것은 실제로 Cardano의 시대에는 문제라고 생각되지도 않았을 것이다. 《*Ars Magna*》의 다른 곳에서 Cardano는 합이 10이고 곱이 40인 두 수를 찾는 문제를 해결하려고 할 때, 음수의 제곱근을 포함한 시험적인 어떤 계산을 하기는 하였

다. 물론, Cardano는 3차 방정식

$$x^2 - 10x + 40 = 0$$

의 근들처럼, 실제 존재한다면 이들을 어떻게 구하는지를 알고 있었고 그
결과 $5 + \sqrt{-15}$, $5 - \sqrt{-15}$ 을 얻었다.

비록 Cardano의 시대에는 이 발견된 두 근들을 수로 생각할 만한 무엇도
떠올릴 수 없었지만, Cardano는

$$(5 + \sqrt{-15})(5 - \sqrt{-15}) = 25 + 15 = 40$$

과 같은 계산을 용감하게 수행하였고, 그로 인해 오늘날 복소수로 알려진
수들을 최초로 계산하게 되었다.[3]

처음에는 계산의 중간단계의 값으로서, 나중에는 그 자체로 독립적인 흥
미로 발전된 수학적 대상으로서 음수의 제곱근을 허용하도록 Cardano 이후
의 수학자들을 자극한 것은 의심의 여지없이 의미 있는 결과를 얻기 위하여
연산법칙을 사용하도록 한 바로 그런 계산이다.

이러한 허용가능한 수들의 집합의 확장에서 중요한 역할을 한 것은 소위
환원불능의 경우(*Casus irreduciblies*)로, 3차 방정식의 해법에서 Cardano의
공식에 음수의 제곱근이 나타나는 경우를 나타내는 말이다.

특히 간소화된 3차 방정식

$$x^3 + px + q = 0$$

의 경우에 제곱근 내의 값이 음수일 때, 즉

$$\left(\frac{q}{2}\right)^2 + \left(\frac{p}{3}\right)^3 < 0$$

가 이에 해당하는 경우이다.

그러한 음수 제곱근을 갖는 근들로부터 올바른 결과를 얻어낼 수 있을까? 이 방향에서의 첫 번째 시도가 Rafael Bombelli(1526~1572)에 의해 그가 죽은 뒤 발간된 그의 책 《L'Algebra》에서 이루어졌다. 이 책에서 그는 방정식

$$x^3 = 15x + 4$$

에 대한 Cardano의 공식으로부터 얻은 근호에 의한 표현인

$$x = \sqrt[3]{2 + \sqrt{-121}} + \sqrt[3]{2 - \sqrt{-121}} = \sqrt[3]{2 + 11\sqrt{-1}} + \sqrt[3]{2 - 11\sqrt{-1}}$$

의 계산을 대담하게 감행하여 그 방정식을 풀었다. 알려진 근 $x = 4$가 그를 마주보며 응시하고 있는 가운데, 결국 그는

$$(2 + \sqrt{-1})^3 = 8 + 12\sqrt{-1} - 6 - \sqrt{-1} = 2 + 11\sqrt{-1}$$
$$(2 - \sqrt{-1})^3 = 8 - 12\sqrt{-1} - 6 + \sqrt{-1} = 2 - 11\sqrt{-1}$$

의 계산을 통해 두 세제곱근의 값을 구하고, 그로부터 구하고자 하는

$$x = 2 + \sqrt{-1} + 2 - \sqrt{-1} = 4$$

를 얻었다.

이렇게 하여 음수의 제곱근을 포함하는 복잡한 표현의 식이 4인 것 같았다. Bombelli는 이렇게 말하였다: "많은 사람에 따르면 터무니없는 생각. 나 역시 오랫동안 같은 의견이었다. 그 문제는 사실보다 궤변에 더 가깝다고 여겨졌지만, 나는 한 증명을 발견할 때까지 탐색하였다."[4] 이 용감한 계산은 마치, 수학의 역사에서 음수를 허용할 수 있는 수의 집합에 넣는 것이 쓸모 있는 것으로 처음으로 여겨졌을 때 유사한 진전이 분명히 일어났던 것처럼, 이미 알고 있는 결과에 대한 설명을 해주었다.

음수와 비교하여 음수의 제곱근은 상당한 수준의 추상성을 이끌었다. 왜냐하면 은행의 마이너스 계좌가 음수로 표현될 수 있는 것과는 다르게, 음수의 제곱근의 경우 일상의 경험 속에서 뚜렷이 대응되는 유사한 것이 존재

하지 않기 때문이다. 이렇게 Bombelli에 의해 마지못해 도입된 도구를 복소수란 이름으로 일반적인 수학적 용도로 받아들이기까지는 2백여 년이 더 걸렸다. 필요한 것은 도구들이 어떻게 이용될 수 있는지 의심이 없도록 기본적인 성질을 기술하는 것이었다. 이것은 도구들의 성질들을 기초로 그들을 정의하는 데 찬성하여

'복소수는 실제로 무엇인가'

라는 다소 철학적인 문제에서 벗어나게 되면서 나오게 되었다. 이러한 방향에서 결정적인 첫 걸음이 1797년 Caspar Wessel(1745~1818)에 의하여 이루어졌다.

그럼에도 불구하고, Wessel의 형식적 정의가 결코 모든 의문점을 불식시키지는 못하였는데, 이는 그의 글이 널리 퍼지지 않았기 때문이다. 이렇게 하여, 거의 반세기 동안 이들 '가상의' 또는 '불가능의' 수들이 겨우 명맥을 이어나갔다. 이것은 마치 여전히 통용되는 무한소(infinitesimals), 즉 해석학(미분적분학)에서 무한히 작은 수량의 사정과 닮았다: 수학자들은 '올바른' 결과를 재빨리 얻기 위해 그것들을 효과적으로 또 멋지게 이용할 수 있는데, 그 결과들은 그러한 의심스러운 중간과정을 사용하지 않고 또 다른 방법으로도 얻을 수 있었다. 그래서 결정적으로 복소수를 사용한 위대한 Carl Friedrich Gauss(1777~1855)조차도 그의 1796년 대수학의 기본정리의 공식화에 즈음하여 이렇게 썼다.

> 비록 내가 모든 근대적 해석학자들에 의해 사용되고 있는 사치스러운 것을 나 스스로에게도 허용할 수 있지만, 나는 가상의 수량을 사용하지 않고 나의 증명을 수행하려고 한다.[5]

36년 후, 그동안 가끔 복소수의 '형이상학'을 언급할 것을 강요받은 후, 아마도 Gauss는 ─Leibniz(1646~1716) 조차 1702년 '이상한 해석학, 인간 상상력의 괴물'이라 불렀던─ 많은 숨겨진 것들에 대한 본질에 정곡을 찔렀다.

가상의 양의 이론을 둘러싸고 있다고 믿는 어려움들은 최적이 아
닌 용어의 명칭에 상당히 기인한다. 만약 양수를 '앞(direct)'으로,
음수를 '뒤(inverse)'로, 그리고 허수를 '옆(lateral)'으로 불렀더라
면···, 아마 혼동이 아니라 간결함, 어둠이 아니라 명료함이었을
것이다.

이러한 Gauss의 언급은 수학적 정의들이 반드시 차후의 해석과 그러한
해석을 반영하는 명칭으로부터 고립적으로 생각되어야 하고 자유로워야 한
다는 것을 나타내는 것으로 일반적으로 이해되어야 한다. 즉, 수학적 대상은
오르지 모순으로부터의 그 자유성 때문에 '살아있다'. 그것은 그 용도가 그
려질 때 '창조'되고, 그것이 목적에 부합하는 동안 계속 '지켜질' 것이다.

2.2

복소수 전체집합은 정의에 의하여, 그 좌표 a와 b가 실수인 모든
순서쌍 $(a,\ b)$를 포함한다. 기하학적으로, 복소수 전체집합은 한 평면으로
볼 수 있고, 이것은 실수 전체집합을 나타내는 수직선과 유사한 것이다. 실
수들의 순서쌍 $(a,\ b)$를

$$a + b\sqrt{-1}$$

로 해석한다는 생각으로, 복소수들에 대한 수학적 연산을 다음과 같이 '정
의한다'.

$$(a,\ b) + (c,\ d) = (a+c,\ b+d)$$
$$(a,\ b) \times (c,\ d) = (ac-bd,\ bc+ad)$$

그 역 연산은 소위 역원을 사용하여 설명할 수 있다. 즉, 뺄셈은 음의 값
의 덧셈으로, 나눗셈은 곱셈에 대한 역원의 곱셈으로 정의된다. 따라서 역원
은 다음과 같이 정의된다.

$$-(a,\ b) = (-a,\ -b)$$

$$(a, b)^{-1} = \left(\frac{a}{a^2 + b^2}, \frac{-b}{a^2 + b^2} \right)$$

물론, 마지막 정의에서 $(a, b) \neq (0, 0)$이라고 가정한다.

사실, 이 정의들은 순서관계를 갖지 않는 것을 제외하고는 실수들의 익숙한 연산법칙들을 복소수들이 모두 만족하므로 원하는 목적에 맞다. 독자들이 쉽게 정의로부터 증명할 수 있는 이러한 법칙들을 열거하여 공통적인 기호와 명칭을 소개한다.

- 교환법칙, 결합법칙 및 분배법칙과 같은 실수들 사이의 모든 관계들이 계속 성립된다. 또한, 영 $(0, 0)$과 일 $(1, 0)$은 덧셈과 곱셈에서 항등원으로서의 익숙한 성질들을 갖는다. 끝으로, 뺄셈과 나눗셈은 사실 덧셈과 곱셈의 역연산들이다.[6]

- $(a, 0)$ 형태의 복소수들의 부분집합은 이들 연산에 대하여 실수들의 집합처럼 움직이고 동일하게 볼 수 있다. 마치 분모가 1인 분수들의 집합을 정수들과 동일하게 볼 수 있는 것과 같다. 따라서 복소수 전체는 실수 전체의 한 확장으로 간주할 수 있다. 간편함을 위하여 $(a, 0)$ 형태의 복소수를 간단히 a로 나타내고, 복소수 (a, b)에 대하여 a를 **실수부**(real part)라고 한다.

- 실수 -1에 대응하는 결과로

$$(0, 1) \times (0, 1) = (0, -1) \times (0, -1) = (-1, 0)$$

가 성립한다. 따라서 두 복소수 $(0, 1)$과 $(0, -1)$은 -1의 제곱근으로 해석될 수 있다. 수 $(0, 1)$은 특수한 기호 i로 나타내고 **허수단위**(imaginary unit)라 한다. 복소수 (a, b)에서 b를 **허수부**(imaginary part)라고 한다.

- 등식

$$(a, b) \times (a, -b) = a^2 + b^2$$

가 성립한다. 여기서 $(a, -b)$는 복소수 (a, b)의 **켤레**(conjugate)라고 하고 $\overline{(a, b)}$로 나타낸다. $\sqrt{a^2 + b^2}$를 수 (a, b)의 **절댓값**(absolute value) 또는 **크기**(modulus)라고 한다. 복소수들의 기하학적 해석이라고 불리는 **복소평면**(complex plane)에서, 한 복소수의 크기는 원점에서 그 수까지의 거리를 나타낸다.[7] 그림 2.1에 한 예를 보여준다. 마지막으로, (한 복소수의 켤레를 취하는) 켤레 복소수는 다음 성질을 갖는다.

$$\overline{((a, b) \times (c, d))} = \overline{(a, b)} \times \overline{(c, d)}$$

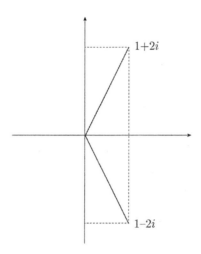

그림 2.1 수 $1+2i$와 그 켤레 $1-2i$를 갖는 복소평면.
두 수의 크기는 $\sqrt{5}$ 이다.

이러한 모든 성질들과 함께

$$(a, b) = (a, 0) + (b, 0) \times (0, 1) = a + bi$$

와 같은 형태의 순서쌍 (a, b)를 가지고 실제로 $a + b\sqrt{-1}$ 형태의 수학적 대상의 집합을 정의하게 되었음을 모두가 확신할 수 있게 해준다. 실수들의 이러한 확장 결과는 이전에 정의된 적이 없는 표현인 $\sqrt{-1}$ 을 사용하지 않고 이루어졌다. 더구나 $\sqrt{-1}$ 을 사용하는 것이 완전히 문제가 없는 것은 아니다. 왜냐하면

$$\sqrt{-1}\,\sqrt{-1} = \sqrt{(-1)(-1)}$$

와 같은 잘못된 계산결과로 쉽게 이끌 수도 있기 때문이다.

나중에 우리가 유용하게 사용하는 복소수의 또 다른 예는 복소수의 기하학적 표현과 밀접하게 관련이 있다. 먼저 단위 원, 즉 원점을 중심으로 반지름이 1인 원 위에 있는 임의의 복소수는 삼각함수 sine과 cosine으로 나타낼 수 있다. 정확히 하자면, 그런 복소수는

$$\cos\phi + i\sin\phi$$

와 같은 표현을 갖는다. 여기서 ϕ는 양의 수평좌표축(즉, 양의 실수축)에서 시계반대 방향으로 원점에서 문제의 복소수를 잇는 직선까지 잰 각도이다.~(문제 2.2 참조) 단위 원 위에 있는 두 복소수를 곱하려면 단지 그들의 각을 함께 더하면 된다. 이 사실의 증명은 sine과 cosine의 합의 법칙

$$(\cos\phi + i\sin\phi)(\cos\psi + i\sin\psi)$$
$$= (\cos\phi\cos\psi - \sin\phi\sin\psi) + i(\cos\phi\sin\psi - \sin\phi\cos\psi)$$
$$= \cos(\phi + \psi) + i\sin(\phi + \psi)$$

으로부터 쉽게 얻을 수 있다.

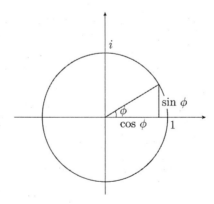

그림 2.2 단위 원 위에 위치한 복소수의 $\cos\phi + i\sin\phi$ 형태의 표현

지금, (단위 원 위의 복소수에 대해서 1이 되는) 복소수의 크기 개념을

도입하면 이 결과를 영이 아닌 모든 복소수에 대하여 일반화할 수 있다. 먼저 한 복소수가 크기가 m으로 영이 아니면 (따라서 양인), $s = \ln m$(자연로그)라 둘 수 있고 $m = e^s$로 쓸 수 있다. 그러므로 각이 ϕ이고 크기가 e^s인 복소수는

$$z = e^s (\cos\phi + i\sin\phi)$$

로 나타낼 수 있다. 그러면

$$e^s(\cos\phi + i\sin\phi) \times e^t(\cos\psi + i\sin\psi) = e^{s+t}(\cos(\phi+\psi) + i\sin(\phi+\psi))$$

임을 알 수 있다.[8]

복소수를 거듭제곱하는 특별한 경우, Abraham de Moivre(1667~1754)가 명확히 공식화한 것은 결코 아님에도 불구하고, 그의 이름을 딴 de Moivre의 공식

$$(e^s(\cos\phi + i\sin\phi))^n = (e^s)^n(\cos(n\phi) + i\sin(n\phi))$$

에 따라 이 값을 구한다.

2.3

환원불능의 경우로 돌아가기 전에, 우리가 지금 막 얻은 지식을 방정식

$$x^3 - 1 = 0$$

에 적용해보자.

실수체에서 $x_1 = 1$이 유일한 근임은 분명하다. 복소수체로 옮겨가면 그 방정식이 두 개의 근을 더 가져야 하고, 그 둘은 단위 원 위에 있고, (그림 2.3 참조) 양의 실수축과 이루는 각이 $\frac{2\pi}{3}$과 $\frac{4\pi}{3}$이므로 세 근들이 정삼각형을 이룬다는 것을 de Moivre의 공식이 말해준다. 따라서 추가되는 두 근이

$$x_2 = -\frac{1}{2} + \frac{\sqrt{3}}{2}i, \quad x_3 = -\frac{1}{2} - \frac{\sqrt{3}}{2}i$$

임은 분명하다. 이 세 근들을 1(unity)의 **세제곱근**이라고 한다. 제7장의 주제를 이루는 $x^n - 1 = 0$ 형태의 방정식들을 그들의 기하학적 중요성 때문에 **원분방정식**(cyclotomic equations)[9])이라고 부른다.

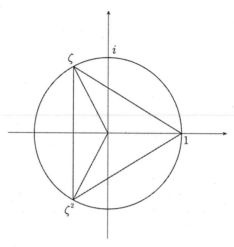

그림 2.3 원분방정식 $x^3 - 1 = 0$의 세 근 1, ζ, ζ^2

2.4 1의 세제곱근들은 일반 3차 방정식에 대해서도 세 근을 항상 얻을 수 있도록 그들로부터 Cardano의 공식을 일반화할 수 있다는 점에서 중요성을 갖고 있다. 먼저

$$\zeta = -\frac{1}{2} + \frac{\sqrt{3}}{2}i$$

로 정의하고, Cardano의 공식을 기초하는 두 방정식

$$3uv = -p,$$
$$u^3 + v^3 = -q$$

은 제1장에서 소개된 순서쌍 (u, v)에 추가하여, $(\zeta u, \zeta^2 v)$와 $(\zeta^2 u, \zeta v)$를 해로 갖고, 이들을 모두 합쳐 간소화된 3차 방정식 $x^3 + px + q = 0$에 대한 세 근을

$$x_1 = \sqrt[3]{-\frac{q}{2} + \sqrt{\left(\frac{q}{2}\right)^2 + \left(\frac{p}{3}\right)^3}} + \sqrt[3]{-\frac{q}{2} - \sqrt{\left(\frac{q}{2}\right)^2 + \left(\frac{p}{3}\right)^3}},$$

$$x_2 = \zeta \sqrt[3]{-\frac{q}{2} + \sqrt{\left(\frac{q}{2}\right)^2 + \left(\frac{p}{3}\right)^3}} + \zeta^2 \sqrt[3]{-\frac{q}{2} - \sqrt{\left(\frac{q}{2}\right)^2 + \left(\frac{p}{3}\right)^3}},$$

$$x_3 = \zeta^2 \sqrt[3]{-\frac{q}{2} + \sqrt{\left(\frac{q}{2}\right)^2 + \left(\frac{p}{3}\right)^3}} + \zeta \sqrt[3]{-\frac{q}{2} - \sqrt{\left(\frac{q}{2}\right)^2 + \left(\frac{p}{3}\right)^3}}$$

와 같이 얻을 수 있다는 사실을 알고 시작해보자.

이 공식은 유도과정에서 가정된 근들에 대한 제한이 없으므로, 일반적으로 성립한다. 그러나 환원불능의 경우에, 서로 켤레인 두 복소수 u^3와 v^3에 대하여 세제곱근 u와 v의 짝들도 서로 켤레가 되게 선택하고, 이러한 방법으로만 u와 v를 결정하는 두 방정식을 만족할 수 있다는 것을 주목해야 한다. 우리는 지금까지 Bombelli에 의하여 이루어진 계산이 정당하다는 것을 보였을 뿐만 아니라, 일반적인 경우에 세 개의 근 x_1, x_2와 x_3가 모두 실수라는 것을 알게 된다. 왜냐하면 $j = 1, 2, 3$에 대하여

$$\overline{x_j} = \overline{\zeta^{j-1} u + \zeta^{-(j-1)} v} = \zeta^{-(j-1)} \overline{u} + \zeta^{j-1} \overline{v} = \zeta^{-(j-1)} v + \zeta^{j-1} u = x_j$$

이기 때문이다. 즉 Cardano의 공식을 적용하는데 있어서, 세 근이 모두 서로 다른 실수인 경우에 조차 복소수에 의한 계산이 필수적이라는 것이다.

Cardano의 《*Ars Magna*》에 나오는 문제인 $x^3 = 8x + 3$에 대하여, 근

$$x_1 = \sqrt[3]{\frac{3}{2} + i\frac{19}{6}\sqrt{\frac{5}{3}}} + \sqrt[3]{\frac{3}{2} - i\frac{19}{6}\sqrt{\frac{5}{3}}}$$

$$= \frac{1}{2}\left(3 + i\sqrt{\frac{5}{3}}\right) + \frac{1}{2}\left(3 - i\sqrt{\frac{5}{3}}\right)$$

$$= 3$$

을 얻는다. 나머지 두 근은

$$x_2 = \frac{1}{4}\left(-1 + i\sqrt{3}\right)\left(3 + i\sqrt{\frac{5}{3}}\right) + \frac{1}{4}\left(-1 - i\sqrt{3}\right)\left(3 - i\sqrt{\frac{5}{3}}\right)$$

$$= \frac{1}{2}\left(-3 - \sqrt{5}\right)$$

와

$$x_3 = \frac{1}{4}\left(-1 - i\sqrt{3}\right)\left(3 + i\sqrt{\frac{5}{3}}\right) + \frac{1}{4}\left(-1 + i\sqrt{3}\right)\left(3 - i\sqrt{\frac{5}{3}}\right)$$

$$= \frac{1}{2}\left(-3 + \sqrt{5}\right)$$

로, Cardano도 이를 알고 있었다.

그렇다면, 이 모든 노력들이 가치가 있는 것인가? 어느 경우든지, 바탕체의 수들을 복소수들로 확장하는 것은 해법에 대한 알고리즘을 하나의 통합된 과정으로 바꾸어 준다. 더구나, 복소수들로의 확장은 우리가 실수가 아닌 중간결과를 계산하는 데 잘못된 결과가 생길지도 모른다는 불확실성을 제거해 준다. 그럼에도 불구하고, 실제 계산에 있어서 여전히 하나의 문제가 남아 있다. 즉, 우리의 과정이

$$\sqrt[3]{\frac{3}{2} + i\frac{19}{6}\sqrt{\frac{5}{3}}}$$

와 같은 형태의 표현을 간단히 하거나 또는 적어도 수치적으로 근삿값을 구하는 효과적인 방법을 제공하지 않는다는 것이다. 적어도 후자의 경우는 극좌표에서 수를 가지고 시작한다면 상당히 수행하기 쉽다.[10] 환원불능의 경우에, 즉

$$\left(\frac{q}{2}\right)^2 + \left(\frac{p}{3}\right)^3 < 0$$

인 경우에 계수 p는 음수이어야 하는데, 두 수 u^3와 v^3는

$$-\frac{q}{2} \pm i \sqrt{-\left(\frac{q}{2}\right)^2 - \left(\frac{p}{3}\right)^3}$$

꼴의 켤레복소수들이다. 이 수의 각각의 크기는

$$\sqrt{\left(\frac{q}{2}\right)^2 - \left(\frac{q}{2}\right)^2 - \left(\frac{p}{3}\right)^3} = \sqrt{\left(-\frac{p}{3}\right)^3} = \left(\sqrt{-\frac{p}{3}}\right)^3$$

이다.

두 수가 양의 실수축과 이루는 각은 그 수의 실수부와 크기의 몫으로부터 얻을 수 있다. 정확히 말하자면 '위쪽'의 각은

$$\phi = \arccos\left(\frac{-\frac{q}{2}}{\left(\sqrt{-\frac{p}{3}}\right)^3}\right) = \arccos\left(\frac{3q}{2p\sqrt{-\frac{p}{3}}}\right)$$

와 같이 주어지고 결과적으로, 간소화된 3차 방정식 $x^3 + px + q = 0$의 세 근에 대한 다음 공식을 얻는다.

$$x_{j+1} = 2\sqrt{-\frac{p}{3}} \cos\left(\frac{1}{3}\phi + j\frac{2\pi}{3}\right), \quad j = 0,\ 1,\ 2$$

삼각함수에 기초한 이러한 형태의 근의 표현은 실제로 대수학과 아무 관계도 없다. 그러나 3차 방정식의 근의 문제는 확실히 대수적인 문제이다. 더구나, 환원불능의 경우의 해법은 복소수를 어떻게 사용하는가를 배우는 데 매우 적합하다.

우리가 지금까지 서술한 공식들은 1591년 Francois Viéte(1540~1603)에 의하여 처음으로 발견되었다. 그러나 Viéte는 그의 공식을 유도하는 데 복소수를 사용하지 않고, 대신 cosine에 대한 삼각함수의 공식

$$\cos 3\psi = 4\cos^3\psi - 3\cos\psi$$

를 이용하였다. 그러면

$$y^3 - \frac{3}{4}y - \frac{1}{4}\cos 3\psi = 0$$

형태의 방정식을 이용하여, 한 근을 $y = \cos\psi$의 관계에 의하여 구할 수 있다. 간소화된 3차 방정식 $x^3 + px + q = 0$을 풀기 위하여, 먼저 변환 $x = sy$를 만든다. 이때, 변환 결과의 방정식

$$y^3 + \frac{p}{s^2}y + \frac{q}{s^3} = 0$$

이 원하는 모양이 되도록 매개변수 s가 선택된다. 특히, $s = 2\sqrt{-\dfrac{p}{3}}$인 경우에 다음 식을 얻는다.

$$y^3 - \frac{3}{4}y - \frac{3q}{8p}\frac{1}{\sqrt{-p/3}} = 0$$

그러면

$$\cos 3\psi = \frac{3q}{2p}\frac{1}{\sqrt{-\dfrac{p}{3}}}$$

로부터 시작하여

$$x = 2\sqrt{-\frac{p}{3}}\cos\psi$$

로 치환하여 간소화된 3차 방정식 $x^3 + px + q = 0$의 한 근을 얻는다. 이때, 조건

$$p < 0 \text{와} \quad \left|\frac{3q}{2p}\frac{1}{\sqrt{-p/3}}\right| \le 1$$

을 만족할 때만 이 과정이 성립하고, 두 번째 부등식은

$$\left(\frac{q}{2}\right)^2 + \left(\frac{p}{3}\right)^3 \leq 0$$

과 동치이다.

복소수에 대한 참고문헌

Paul J. Nahin, *An Imaginary Tale: The Story of* $\sqrt{-1}$. Pinceton, 1998.

Lutz Führer, *Kubische Gleichungen und die widerwillige Entdeckung der komplexen Zahlen*, Praxis der Mathematik, 43 (2001), pp. 57-67.

1   복소수 $a+bi$의 제곱근의 실수부와 허수부에 대한 공식을 유도하여라. 또, 임의의 복소수의 세제곱근의 실수부와 허수부에 대한 상응하는 공식을 찾아보고, 이에 따라 제기되는 문제를 설명하여라.

2   실수계수 다항방정식의 임의의 근의 켤레 복소수도 역시 근임을 증명하여라.

3   다음 복소수 가운데 어느 것이 1의 거듭제곱근인가?

$$\frac{3}{11}\sqrt{7}+i\frac{2}{5}\sqrt{3}\, , \ \ \frac{1}{2}\sqrt{2-\sqrt{3}}-i\frac{1}{2}\sqrt{2+\sqrt{3}}\, , \ \ \frac{5}{7}\sqrt{6}+i\frac{2}{7}\sqrt{6}$$

1) 제XIII장

2) Cardano는 1539년 Tartaglia에게 보낸 한 편지에서 그 문제를 언급하였다. 그러니까 《Ars Magna》의 출판 6년 전이었다. 더 일찍 Acampora에 의하여 인용된 저서 pp. 62-63을 참조하여라. 또한, 음수들이 자주 사용되지 않았으므로, 그러한 상황은 방정식 $x^3 + px = q$에서는 나타나지 않는다.

3) 《Ars Magna》, 제XXXII장 규칙 II.

4) Moritz Cantor에 의해 인용된, *Vorlesungen über Geschichte der Mathematik*(수학의 역사에 대한 강의), Berlin, 1900-1908, Band 2, p. 625.

5) 이것과 그 다음에 나오는 인용문들은 Herbert Pieper, *Die komplexen Zahlen*(복소수), Frankfurt/M., 1999. 이 책의 마지막 장은 복소수의 역사에 대한 광범위한 소개를 제공한다.

6) 뭉뚱그려서, 이러한 조건들을 만족하는 두 연산을 갖는 한 집합을 체(field)라고 한다. 우리는 이 개념을 위해 제9장과 제10장으로 돌아가게 될 것이다.

7) 두 복소수 사이의 거리를 그들의 차의 크기로 정의한 것은 함수론이나 복소해석학의 창시를 가능하게 하고, 그것에 의하여 복소수 위에서 수렴, 연속, 미분과 적분과 같은 개념들이 고전해석학에서와 유사한 성질과 함께 정의된다.

8) 이 등식의 타당성에 대한 이유는 sine, cosine과 지수함수들에 대한 멱급수들이 복소수로 확장될 때 분명해질 것이다. 이것은 1748년 Leonhard Euler(1707~1783)에 의하여 맨 처음 이루어졌다. 따라서 임의의 복소수 $x + yi$에 대하여 $e^{x+yi} = e^x(\cos y + i \sin y)$임을 알 수 있다.

9) 그리스어 *kuklos*에서 circle과 *tomia*에서 cutting.

10) 한편, 복소수들의 세제곱근들을 단순화하는 이전의 문제, 즉 근들을 수반하는 표현과 별도로 실수와 허수 부분을 나타내는 것은 완전히 해결될 수 없다. 만약 한 유리계수 3차 방정식이, 예를 들어 $x^3 - 6x + 2 = 0$과 같이, 세 개의 서로 다른 실근을 갖고 어느 것도 유리수가 아니면 중간의 값들이 모두 실수인 포개진 제곱근호를 수반하는 근의 표현은 존재하지 않는다. B. L. van der Waerden, *Algebra*, vol. I, Section 64, Springer, 2003를 참고하라.

제3장

4차 방정식

방정식 $x^4 + 6x^2 + 36 = 60x$ 의 해법을 찾으려 한다.

3.1 이 장에 대한 문제는 역시 고전적인 것으로, Cardano의 책 《*Ars Magna*》(39장 문제 V)에도 나오는 것이다. 그러나 이러한 문제들은 어떤 기하학적 해석도 제시하지 않았으므로 Cardano에게 어려움을 안겨주었다. 그래서 그는 책의 서문에서 "*posito*는 직선에, *quadratum*은 곡면에, *cubum*은 입체에 관련되지만 그 다음을 추정하려는 것은 어리석다. 자연이 그것을 허용하지 않는다."라고 하였다.

그러나 Cardano는 그의 학생 Ludovico Ferrari(1522~1569) 덕분에 그의 책 《*Ars Magna*》에서 4차 방정식의 해법을 서술할 수 있었다. 특히 Ferrari는

$$x^4 + px^2 + qx + r = 0$$

와 같은 형태의 방정식을 x와 x^2의 거듭제곱들에 관한 두 항을 더하여 방정식의 양변이 완전제곱식을 이루도록 변환할 수 있었다. Cardano가 기술한 방법에서 약간 벗어나지만 방정식의 양변에 단순히 $2zx^2 + z^2$을 더하여 식

$$x^4 + 2zx^2 + z^2 = (2z - p)x^2 - qx + (z^2 - r)$$

을 얻고 여기서 z의 값은 나중에 정해진다.

왼쪽 변은 $(x^2+z)^2$으로 이미 완전제곱 꼴이지만 오른쪽 변은 꼭 그런 것이 아니다. 그러나

$$2\sqrt{2z-p}\,\sqrt{z^2-r} = -q$$

를 만족하도록 z를 적절히 선택할 수 있다. 이 조건의 양변을 제곱하여

$$(2z-p)(z^2-r) = \frac{q^2}{4}$$

을 얻고 이것으로부터 3차 방정식

$$z^3 - \frac{p}{2}z^2 - rz + \frac{pr}{2} - \frac{q^2}{8} = 0$$

을 얻는다.

3차 분해방정식(resolvent)이라 부르는 이것의 한 근 z가 결정되면 원래의 4차 방정식에 대한 근들이

$$x^2 + z = \pm\left(\sqrt{2z-p}\,x + \sqrt{z^2-r}\right)$$

로부터 얻어진다. 여기서, 서로 다른 부호의 각 항으로부터 2차 방정식의 근의 공식에 의해 두 개의 근을 얻는다. 따라서 모두 4개의 근을 다음과 같이 얻는다.

$$x_{1,2} = \frac{1}{2}\sqrt{2z-p} \pm \sqrt{-\frac{1}{2}z - \frac{1}{4}p + \sqrt{z^2-r}}\,,$$

$$x_{3,4} = -\frac{1}{2}\sqrt{2z-p} \pm \sqrt{-\frac{1}{2}z - \frac{1}{4}p - \sqrt{z^2-r}}$$

Cardano는 그의 책 《*Ars Magna*》에서 Ferrari의 과정을 예와 함께 설명하고 있는데, 계산된 몇몇 숫자들이 틀렸음을 밝혀둔다. 이 장의 머리글에 제

시한 문제에 대하여, 3차 분해방정식

$$z^3 - 3z^2 - 36z - 342 = 0$$

을 얻고, 여기서 치환 $z = y + 1$에 의해 3차 방정식

$$y^3 - 39y - 380 = 0$$

으로 간소화된다. 분해방정식의 근

$$z = 1 + \sqrt[3]{190 + 3\sqrt{3767}} + \sqrt[3]{190 - 3\sqrt{3767}}$$

을 이용하여, 근호에 의한 식들의 탑을 얻어 원래의 4차 방정식을 풀 수 있다.

머리말에서 지적한대로, 단순히 근의 수치에만 관심을 둔다면 반복과정에 의해 보다 빠르고 쉽게 계산할 수 있기 때문에, 이러한 대수적 공식이 아무런 소용이 없다는 것은 이제 분명하다. 이 장의 처음에 나온 4차 방정식에 대하여 두 실근 $3.09987\cdots$, $0.64440\cdots$과 켤레 복소근 $-1.87214\cdots \pm i \cdot 3.81014\cdots$을 갖는다.

그럼에도 불구하고, 수학적 관점에서 볼 때 Ferrari의 4차 방정식 근의 공식은 인상적이다. 4차 방정식의 해법에 3차 방정식의 근들이 나온다는 사실을 누가 미리 짐작할 수 있었겠는가? 그러나 제대로 된 관점에서 본다면 처음 볼 때만큼 놀라운 사실은 아니라는 것을 알 수 있다. 사실, 3차 방정식에서 이와 비교할 수 있는 상황과 마주친 적이 있다. Cardano 공식이 세제곱근과 더불어 제곱근을 포함하듯이 4차 방정식에 대한 일반적 공식도 유사한 과정으로 만들어져야 한다. 그렇지 않다면 $x_1 = \sqrt[3]{2}$를 근으로 갖는 $x^4 - 2x = 0$와 같은 특별한 방정식에 일반적 공식이 적용될 수 없을 것이다.

3.2
여기에 제시된 Ferrari 공식은 변수 x의 3차 항을 포함하지 않는 4차 방정식에만 적용될 수 있기 때문에 이제 일반 4차 방정식

$$x^4 + ax^3 + bx^2 + cx + d = 0$$

을 간소화된 형태의 방정식

$$y^4 + py^2 + qy + r = 0$$

으로 바꾸는 방법을 보여야 한다. 3차 방정식의 경우와 유사하게 변수 x를

$$x = y - \frac{a}{4}$$

로 치환하여 그 결과 y^3에 관한 두 항이 서로 소거되어 다음과 같이 되도록 할 수 있다.

$$x^4 + ax^3 + bx^2 + cx + d = y^4 + py^2 + qy + r$$

물론, 3차 방정식의 경우와 마찬가지로, 원래 방정식의 계수로부터 다항식 표현을 사용하여 간소화된 방정식의 계수를 계산할 수 있다.

4차 방정식에 대한 참고문헌

Ludwig Matthiessen, Grundz $ddot{u}ge$ *der antiken und modernen Algebra der litteralen Gleichungen*, Leipzig, 1896

Heinrich Dörrie, *Kubische und biquadratische Gleichungen*. Munich, 1948

1   머리말(페이지 viii)에 나오는 방정식

$$x^4 - 8x + 6 = 0$$

의 네 개의 근을 모두 구하여라.

2   방정식

$$x^4 + 8x^3 + 24x^2 - 112x + 52 = 0$$

의 네 개의 근을 모두 구하여라.

제4장

n차 방정식과 그 성질

1, 2, 3, 4와 5를 근들로 갖는 방정식을 구하려 한다.

4.1　3차와 4차의 방정식들에 대한 해법 찾기의 성공은 필연적으로 더 높은 차수의 방정식들에 대하여서도 동일한 시도를 하려는 열망을 이끌었다. 이러한 탐색은 체계적인 연구를 통하여 다항방정식들에 대한 더 나은 이해를 얻기 위한 열망을 포함하였다. 이와 관련하여, 이 장의 처음에 제시된 문제가 알려지고 해결되었다. Francois Viète의 1591년 업적인 《*In artem analyticem isagoge*》속에 이것을 찾을 수 있다.

Viète는 유용한 기호표기를 고안하였을 뿐 아니라, 근이 바뀌지 않는 방정식의 변환의 종류를 광범위하게 검토하였다. 그는 또한 주어진 수 x_1, x_2, $\cdots$, x_n을 근으로 갖는 방정식을 만드는 방법을 발견하였다. 두 개의 근 x_1, x_2이 주어진 경우, 단지 2차 방정식, 즉

$$x^2 - (x_1 + x_2)x + x_1 x_2 = 0$$

만 필요하다. 세 개의 근 x_1, x_2, x_3이 주어진 경우, 3차 방정식

$$x^3 - (x_1 + x_2 + x_3)x^2 + (x_1 x_2 + x_1 x_3 + x_2 x_3)x - x_1 x_2 x_3 = 0$$

은 요구하는 조건들을 만족한다. 유사하게, 네 개의 수 x_1, x_2, x_3, x_4는 4
차 방정식

$$x^4 - (x_1 + x_2 + x_3 + x_4)x^3$$
$$+ (x_1 x_2 + x_1 x_3 + x_2 x_3 + x_1 x_4 + x_2 x_4 + x_3 x_4)x^2$$
$$- (x_1 x_2 x_3 + x_1 x_2 x_4 + x_1 x_3 x_4 + x_2 x_3 x_4)x + x_1 x_2 x_3 x_4 = 0$$

의 근이다.

끝으로, Viète는 그 근들이 주어진 다섯 개의 수 x_1, x_2, x_3, x_4, x_4인 방
정식으로 다음을 얻었다.

$$x^5 - (x_1 + x_2 + x_3 + x_4 + x_5)x^4$$
$$+ (x_1 x_2 + x_1 x_3 + x_2 x_3 + x_1 x_4 + x_2 x_4 + x_3 x_4 + x_1 x_5 + x_2 x_5$$
$$+ x_3 x_5 + x_4 x_5)x^3$$
$$- (x_1 x_2 x_3 + x_1 x_2 x_4 + x_1 x_3 x_4 + x_2 x_3 x_4 + x_1 x_2 x_5 + x_1 x_3 x_5$$
$$+ x_2 x_3 x_5 + x_1 x_4 x_5 + x_2 x_4 x_5 + x_3 x_4 x_5)x^2$$
$$+ (x_1 x_2 x_3 x_4 + x_1 x_2 x_3 x_5 + x_1 x_2 x_4 x_5 + x_1 x_3 x_4 x_5 + x_2 x_3 x_4 x_5)x$$
$$- x_1 x_2 x_3 x_4 x_5 = 0$$

Viète의 마지막 예에서는 이 장의 처음에 제시된 문제를 해결한다. 다음
방정식을 그 결과로 얻는다.[1]

$$x^5 - 15x^4 + 85x^3 - 225x^2 + 274x - 120 = 0$$

뚜렷한 대칭성만으로 Viète의 공식이 완전히 혼동되는 것을 막는다. 물론,
주어진 값들 중 하나를 변수에 대입하여, Viète의 근 정리가 올바르다는 것
을 쉽게 검사할 수 있다. (근(root)은 종종 해(solution)의 동의어로 쓰인다.)
그렇지만, 다섯 개 이상의 근들에 대한 대응하는 유사한 결과를 포함하여,
Viète가 그런 결과들을 어떻게 얻었는가라는 문제가 매우 흥미롭다.

이것 역시 어렵지 않으며, 1637년 René Descartes(1596~1650)에 의하여 그의 책 《*La Géometrie*》에 맨 처음으로 기술되었다. 즉, 주어진 수 x_1, x_2, $\cdots$, x_n을 근들로 갖는 방정식을 구하려 한다면, 간단히 식

$$(x - x_1)(x - x_2) \cdots (x - x_n)$$

을 취하면 된다. 이 형태에서, x_1, x_2, $\cdots$, x_n가 근이고 다른 근이 없다는 것은 분명하다. 더 익숙한 형태의 방정식을 얻기 위하여 단순히 위의 식을 전개하면 된다.

특히, Viète의 근 정리는 Cardano가 그의 책 《*Ars Magna*》(Chapter I, 방정식 $x^3 + 72 = 11x^2$)에서 이미 관찰된 것을 설명한다. 그는 $x^3 + bx = ax^2 + c$ 형태의 어떤 방정식의 세 개의 근을 구하고 그 근들의 합이 그 2차 항의 계수 a와 일치하는 것을 관찰하였다. 이러한 사실에 대한 한 설명은 오른쪽 편이 영이 되는 형태의 방정식으로 바꾸기 위하여 음수의 존재성을 전제하여야 했으므로, Cardano에게는 알기 어려운 것이었다.

4.2 또한 Descartes는 어떤 상황 아래서

$$x^n + a_{n-1}x^{n-1} + a_{n-2}x^{n-2} + \cdots + a_1 x + a_0 = 0$$

와 같은 형태의 방정식의 좌변 식이 $(x - x_1)(x - x_2) \cdots (x - x_n)$와 같은 형태의 곱으로 인수분해될 수 있는가의 문제를 논하였다. 만약 이처럼 '일차인수'들에 의한 인수분해가 존재한다면 분명히 그 근들을 알 수 있다. 그러나 역으로, Descartes가 말한 것처럼, 각 근은 일차인수들로 방정식을 인수분해하는 데 필요한 첫 단계를 제공한다. 예를 들어, x_1이 한 근이면 방정식의 왼쪽에서 변수 x를 $x_1 + (x - x_1)$로 대체할 수 있다. 그러면 거듭제곱 $(x_1 + (x - x_1))^k$를 x_1의 거듭제곱과 $(x - x_1)$의 거듭제곱으로 전개하여, 항 $(x - x_1)$으로 인수분해될 수 있음을 다음과 같이 알 수 있다.

$$x^n + a_{n-1}x^{n-1} + a_{n-2}x^{n-2} + \cdots + a_1 x + a_0$$
$$= (x - x_1)^n + b_{n-1}(x - x_1)^{n-1} + \cdots + b_1(x - x_1) + b_0$$

여기서, $b_0 = x_1^n + a_{n-1}x_1^{n-1} + \cdots + a_1 x_1 + a_0 = 0$ 이다.

이렇게 하여 다음의 원하는 결과를 얻는다.

$$x^n + a_{n-1}x^{n-1} + a_{n-2}x^{n-2} + \cdots + a_1 x + a_0$$
$$= (x - x_1)\big((x - x_1)^{n-1} + b_{n-1}(x - x_1)^{n-2} + \cdots + b_1\big)$$
$$= (x - x_1)\big(x^{n-1} + c_{n-2}x^{n-2} + \cdots + c_0\big)$$

마침내, 우리는 원래의 다항식을 인수 $(x - x_1)$으로 나누는 데 성공하였다. 여기서 새로 얻은 다항식의 모든 계수 $c_0, c_1, \cdots, c_{n-2}$는 원래 방정식의 계수들과 근 x_1의 곱셈과 덧셈에 의해 결정된다.

만약 추가로 근을 더 찾으려면, 일차인수를 떨어내는 과정을 계속하면 된다. n차 방정식에서 이렇게 분해할 수 있는 일차인수는 많아야 n개 존재한다. 그러므로 Descartes가 주장했던 것처럼, n차 방정식은 많아야 n개의 근을 갖는다.

4.3 어떤 n차 방정식의 근의 개수가 많아야 n개라면 가능한 근의 최소 개수는 몇 개인가? 여기서 우리는 서로 다른 근의 개수를 의미하는 것은 아니다. 예를 들어, 방정식 $x^n = 0$는 꼭 한 개의 근만 가지기 때문이다. '근의 개수'는 정확히 말하면 일차인수들의 개수를 의미한다. 따라서 우리는 n차 방정식에서 분해할 수 있는 일차인수들의 개수와 가장 작은 가능한 그런 개수가 무엇인지 묻는 것이다. 만약 어떤 일차인수가 한 번보다 더 많이 나타나면 그 대응하는 근은 **중근**(multiple solution)이라고 하고, '중복도(multiplicity)로 근의 개수를 센다'라고 말한다.[2]

근에 대응하는 인수를 분해할 수 있다는 사실은 근의 최소개수에 대하여 우리에게 무엇인가를 말해 준다. 만약 근을 갖지 않는 n차 방정식이 하나도 없다면 임의의 다항식에서 하나의 일차인수를 분해할 수 있다. 더구나 그 다항식의 차수가 1 보다 크다면 분해 결과의 방정식은 또 다시 한 근을 가져야 하므로, 이 과정이 계속될 수 있고, 사실은 그 다항식이 완전히 일차인수들로 분해될 때까지 계속될 수 있다. 즉, 임의의 n차 방정식이 적어도 하나의 근을 갖는다면, 중복도로 근의 개수를 셀 때 항상 n개의 근들을 갖게 된다.

이미 Descartes 이전에 1629년 Albert Girard(1590~1632)는 복소계수의 임의의 방정식이 항상 그 차수와 같은 개수의 근을 갖는다는 것을 추측하였다. 많은 수학자들의 노력에도 불구하고 오늘날, 소위 대수학의 기본정리(the fundamental theorem of algebra)라고 하는 이 추측에 대한 완전한 증명은 Carl Friedrich Gauss에 의하여 1799년에서야 이루어졌다. 이 증명은 ─ 적어도 대수적 관점에서는 ─ 더 이상의 쓸모 있는 수들의 집합의 확장이 필요 없으므로, 복소수의 사용을 정당화하였다.

'대수학의 기본정리'라는 명칭은 역사적으로 양해된 것이지만 오늘날의 관점에서 볼 때 그것은 무언가 잘못되었다. 왜냐하면, 사실 근본적으로 완전히 대수적이지 않기 때문이다. 즉, 그것의 바탕은 네 가지 기본 산술연산들에 관련된 복소수들의 성질들과 거의 벗어난다. 더 큰 중요성을 갖는 것은 거리에 관련된 것, 즉 수렴, 연속 등에 관련된 복소수의 성질들이다. 실수들의 영역에서 비슷한 결과와 비교해보면 이것은 더 분명해진다. 실변수 함수로 생각한 다항식 $x^3 - 2$의 그래프는 표준좌표계에서 '왼쪽 아래'에서부터 '오른쪽 위'까지 지나간다. 따라서 그것은 x축을 적어도 한 번 '반드시' 지나야 한다. 즉, 문제의 다항식, 실은 임의의 홀수 차수의 다항식은 적어도 하나의 영(즉, 그 다항식이 영이 되게 하는 x의 값)을 갖는다. 간단하고 당연한 것으로 보이는 이것은 소위 중간값의 정리(intermediate value theorem)가 갖는 실수의 기본성질 때문이다. 다음 두 성질이 결정적으로 중요하다.

- 임의의 다항식으로 정의된 함수는 연속(continuous)이다. 즉, 그 그래프에 어떤 '빈 곳'이나 '점프'가 없고, 오히려 그 값은 각 점에서 x의 변화가 충분히 작을 때 이미 정해진 한도보다 더 적게 변화한다.
- 실수전체의 집합은 예를 들어, 유리수들에서 존재하는 것과 같은 그런 '빈 곳'이 없다. 사실, 수직선 위의 임의의 점에 대하여 그 주어진 점과 임의로 작게 주어진 거리 안에 있는 무수히 많은 유리수들을 찾을 수 있다. 그런데도, 유리수들로 그 점에 근사시키는 과정은 유리수전체의 집합을 벗어나게 한다. 예를 들어, 만약 우리가 2의 제곱근을

$$1, \quad 1.4, \quad 1.41, \quad 1.414, \quad 1.4142, \quad \cdots$$

와 같이 소수의 자리수가 점점 더 많아지도록 근사하면, 이 유리수들의 수열은 유리수가 아닌 수, 즉 $\sqrt{2}$에 접근한다. 여기서 요점은 실수전체의 집합에서는 이와 비교 가능한 예가 없다는 것이다.

대수학의 기본정리는 다항함수의 연속성과 복소수들의 두 가지 핵심 성질, 즉 완비성(completeness)이라 하는 '빈 곳'의 부재와 방정식 $i^2 = -1$를 만족하는 수 i의 존재성에 기초하여 증명될 수 있다. 대수학의 기본정리에 대한 다음 절은 이 정리의 증명의 밑그림과 타당성에 대한 논법을 포함한다.

대수학의 기본정리: 타당성과 증명

본문에서 말했던 것처럼, 다음 정리를 증명하는 것으로 충분하다: 차수가 1 이상인 복소수 계수 다항식은 적어도 하나의 복소수 영점을 갖는다.

우리는 타당성 논의와 함께 시작하기로 한다. 이것은 복소수에 대한 절댓값 함수, 즉 $|a+bi| = \sqrt{a^2+b^2}$에 대한 성질들인 임의의 두 복소수 z_1과 z_2에 대하여, 삼각부등식, 즉 $|z_1 + z_2| \leq |z_1| + |z_2|$이 성립한다는 것과 등

식 $|z_1 z_2| = |z_1||z_2|$을 결정적으로 사용한다. 그 결과로, 복소수 계수 $a_{n-1}, a_1, \cdots, a_0$를 갖는 주어진 다항식

$$f(z) = z^n + a_{n-1}z^{n-1} + \cdots + a_1 z + a_0$$

에 대하여, 그 함수에 의하여 취해진 값들의 절댓값들은 (절댓값이) 충분히 큰 z에 대하여 $|z^n|$에 의해 제한된다. 구체적으로,

$$|z| \geq R := 1 + 2\big(|a_{n-1}| + \cdots + |a_1| + |a_0|\big)$$

을 만족하는 복소수 z에 대하여 부등식

$$|a_{n-1}z^{n-1} + \cdots + a_1 z + a_0|$$

$$\leq |a_{n-1}||z^{n-1}| + \cdots + |a_1||z| + |a_0|$$

$$\leq \big(|a_{n-1}| + \cdots + |a_1|\big)|z|^{n-1} \leq \frac{1}{2}|z|^n$$

을 얻는다.

이제 우리는 원점을 중심으로 반지름 R인 원 근처에서 복소수 z의 움직임이 다항식 $f(z)$에 의하여 어떻게 영향을 받는가를 생각하려고 한다. 항 z^n에 대하여, de Moivre의 공식에 의하여, 반지름 R인 원 주위를 한 바퀴 도는 것은 반지름 R^n인 원 주위를 n 바퀴 도는 것에 사상되므로 그 영향은 명백하다. 이 원은 그림 4.1의 가운데 그림에서 볼 수 있다. 다항식의 나머지 항들은 우리가 살펴본 것처럼, 큰 R에 대하여 거의 영향이 없고, 그래서 함숫값 $f(z)$에 대하여, 중심이 0이고 안쪽 반지름 $\frac{1}{2}R^n$, 바깥쪽 반지름 $\frac{3}{2}R^n$인 고리모양의 원판 안에 있는 n겹의 순환회로를 얻는다. 예를 들어, 그림 4.1의 가운데에서 나머지 항들에 대하여 범위를 한정하는 두 원을 보여준다. 가운데 그림과 오른쪽 그림에서 범위를 한정하는 고리모양의 원판은 점선으로 나타냈다.

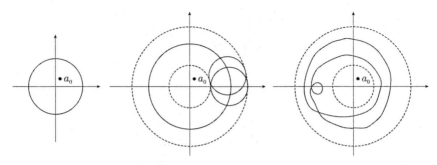

그림 4.1 (왼쪽의) 원점 근처의 충분히 큰 반지름의 원의 한 바퀴 회전은 n차 다항식에 의하여 (오른쪽의) 원점을 중심의 고리모양의 원판 안에 n겹의 회전으로 사상된다. 중간에 있는 그림은 최고차항 z^n의 곡선과 두 표본점에서 더 낮은 차수의 항에 의한 최대한의 '섭동'을 보여준다.

만약 우리가 초기의 원의 반지름을 바꾸면 무슨 일이 일어날까? 자세한 것은 무시하고, 우리에게 중요한 것은 '모든 것이 연속'이라는 것이다. 우리는 타당성만을 논하고 있으므로, 그 결과를 말로써 묘사하려고 한다. 점 z가 초기의 원 위를 움직일 때 그 원의 반지름에 무관하게 그 상(image) $f(z)$들은 항상 어떤 불연속(빈 곳)도 없는 닫힌곡선을 이룬다. 그뿐만 아니라, 반지름의 변경 때문에 그 곡선에 의해 생기는 어떤 변화도 반지름의 변화를 충분히 임의로 적게 할 수 있다. 한 가지 더 당연한 사실이 있다. 즉, 반지름이 영일 때에도 하나의 상, 즉 a_0가 있다. 이 점은 우리의 작도에서 반지름 $\frac{1}{2}R^n$의 안쪽원 안에 놓인다.

이제, 홀수 차수의 실수 계수 다항식의 경우와 마찬가지로, 결정적인 연속성 논법이 등장한다. 즉, 만약 그 위로 z가 움직이는 원의 반지름을 R에서 시작하여 영을 향해 조금씩 수축시키면 그 상 곡선은 원점을 둘러싸는 n겹의 순환곡선에서 시작하여 점 a_0로 수축된다. 따라서 어떤 점에서 상 곡선이 원점을 지나야 하고, 다항식 $f(z)$는 반지름 R의 원 안에서 적어도 하나의 영점 —사실 n개의 복소수 영점들—을 갖는다.

이전의 경험적 논의를 논리적으로 빈틈이 없도록 하는 것은 결코 간단한 일이 아니므로, 형식적인 증명을 보이기 위하여 1815년 Jean Robert Argand

(1768~1822)가 처음으로 발견하고, 몇 년 뒤에 Augusti-Louis Cauchy (1789~1857)가 단순화시킨, 전체적으로 타당성 논의와는 전혀 다른 방침을 소개한다.

우리는 이미 다항식의 함숫값 $f(z)$들은 충분히 큰 한 원 밖에서는 절댓값이 $|f(0)| = |a_0|$보다 크다는 것을 알았다. 따라서 실수 값 함수 $|f(z)|$의 최솟값은 그 원 안에 있어야 된다. 그 최솟값은, 연속인 실함수에 대한 최대·최솟값의 정리에 의하여, z_0라 하는 어떤 점에서 갖게 된다. 그 다항식을 $z - z_0$에 관한 함수로 전개하여 다음을 얻는다.

$$f(z) = b_0 + b_m (z - z_0)^m + b_{m+1} (z - z_0)^{m+1} + \cdots + b_n (z - z_0)^n$$

여기서, 첨수 $m \geq 1$는 $b_m \neq 0$를 만족한다. 또한, 우리는 $b_0 \neq 0$를 가정해도 된다. 왜냐하면, 그렇지 않으면 이미 영점이 있기 때문이다.

이제 우리는 de Moivre의 공식을 이용하여, 예를 들어

$$w^m = -\frac{b_0}{b_m}$$

를 만족하는 한 복소수 w를 결정한 다음, 수 $z_1 = z_0 + \epsilon w$를 선택한다. 여기서 ϵ은 $0 < \epsilon < 1$인 작은 수로 나중에 선택된다. 관련된 함숫값 $f(z_1)$에 대하여 지금 다음을 얻는다.

$$f(z_1) = b_0 - b_m \epsilon^m \frac{b_0}{b_m} + b_{m+1} \epsilon^{m+1} w^{n+1} + \cdots + b_n \epsilon^n w^n$$

$$= (1 - \epsilon^m) b_0 + b_{m+1} \epsilon^{m+1} w^{n+1} + \cdots + b_n \epsilon^n w^n$$

이 방정식으로부터, 우리는 값 $|f(z_1)|$를 짐작할 수 있다. 즉,

$$f(z_1) \leq (1 - \epsilon^m) |b_0| + \epsilon^{m+1} \left(|b_{m+1} w^{n+1}| + \cdots + |b_n w^n| \right)$$

$$= |b_0| \left(1 - \epsilon^m (1 - \epsilon B) \right)$$

여기서 $B = \left(\left| b_{m+1} w^{n+1} \right| + \cdots + \left| b_n w^n \right| \right) / |b_0|$은 계수 b_0, b_m, $\cdots$, b_n과 수 w의 선택에만 의존한다. 이제 $1 - \epsilon B$가 양이 되는 충분히 작은 ϵ을 선택할 수 있다. 따라서 그런 선택과 함께, 우리는 최소로 가정된 것보다 더 작은 값을 얻는다. 즉, $|f(z_1)| < |b_0| = |f(z_0)|$. 만약 우리가 $b_0 \neq 0$라는 가정을 버리면 이 모순이 해소된다.

이로써 우리는 가장 짧고 아름다운 증명들이 복소수변수 함수이론의 기본정리들에 기초한다는 것을 알 수 있다.

1 실계수 다항식의 실수가 아닌 영들은 켤레복소수들의 짝으로 나온다는 것을 보여라.

2 서로 다른 점 x_1, x_2, $\cdots$, x_n에서 주어진 값 y_1, y_2, $\cdots$, y_n을 취하는 $(n-1)$차 방정식을 만들어라. 힌트: $j = 1, 2, \cdots, n$에 대하여, 점 $x = x_1, x_2, \cdots, x_n$에서

$$g_j(x) = \prod_{i = 1, 2, \cdots, n, \, i \neq j} \frac{x - x_i}{x_j - x_i}$$

형태의 다항식을 생각하여라. 이 문제의 답이 되는 다항식을 Lagrange의 보간공식(interpolation formula)이라 부른다.

1) Viète의 기호로, 그 방정식은

$$1\,QC - 15\,QQ + 85\,C - 225\,Q + 274N,\ \text{equatur}\ 120$$

독일어로 번역된 한 전송사진을 Henk J. M. Bos, Karin Reich, Der doppelete Auftakt zur frühneuzeitlichen Algebra: Vièteund Descartes, in Erhrd Scholz (ed.), *Geschichte der Algebra*, Mannheim, 1990, pp. 183-234에서 찾을 수 있다.

2) Cardano는 《*Ars Magna*》에서 예를 들어, 방정식 $x^3 + 16 = 12x$ 에 대하여 중근을 다루었다.

제5장

고차 방정식의
근의 공식 찾기

4차까지 방정식들의 근의 공식에 대한 공통적인 '청사진'이 있는가?

5.1   Cardano가 발표했던 3차 및 4차 방정식의 근을 구하는 방법은 5
차 방정식을 풀기 위한 일반 공식을 찾으려는 다양한 시도가 이루어지는 역
사적 시기의 시작을 알렸다. 이 목적을 추구하는 과정에서, 이미 발견된 해
법에서 유사성을 찾는 것이 좋을 것으로 생각하였다. 4차 방정식의 경우,
Ferrari의 해법의 다양한 대안들이 고려되었지만, 다른 안의 동치변환이거나
중간 결과들로 드러나 결국 동일한 결론에 도달하였다.[1]

더 분명히 말하자면, 대수학의 기본정리는 n차 방정식의 n개의 복소근의
존재를 보장해 준다. 그러나 그것이 그 근들을 어떻게 구할 수 있는지에 대
한 실마리를 주지는 못한다. 그럼에도 불구하고, 대수학의 기본정리에 근거
하여 n차 방정식의 근을 찾는 문제를 다음과 같이 재구성할 수 있다.

$$x^n + a_{n-1}x^{n-1} + \cdots + a_2 x^2 + a_1 x + a_0 = 0$$

와 같은 형태의 임의의 n차 방정식에서 왼쪽은

$$x^n + a_{n-1}x^{n-1} + \cdots + a_2 x^2 + a_1 x + a_0 = (x - x_1)(x - x_2) \cdots (x - x_n)$$

으로 일차항의 곱으로 인수분해될 수 있으므로, 주어진 n차 방정식은 Viète

의 근 정리에 대응하는 동치인 연립방정식으로 변환될 수 있을까? 다시 말해, 주어진 복소수 계수 a_{n-1}, a_1, a_0에 대하여, 연립방정식

$$x_1 + x_2 + \cdots + x_n = -a_{n-1}$$

$$x_1 x_2 + x_1 x_3 + \cdots + x_{n-1} x_n = (-1)^2 a_2$$

$$\cdots$$

$$x_1 x_2 \cdots x_{n-1} x_n = (-1)^n a_n$$

을 만족하는 복소수 x_1, x_2, $\cdots$, x_n을 찾으려고 한다.

이 방정식들의 왼쪽에 나오는 x_1, x_2, $\cdots$, x_n에 대한 대칭식들을 **기본 대칭다항식**(elementary symmetric polynomial)이라 부른다. 그러나 Viète의 근 정리에 기초하여 재해석될 수 있는 것은 명확히 알고 있는 계수를 갖는 주어진 방정식들의 해법만이 아니다. 근 x_1, x_2, $\cdots$, x_n을 분명히 변수로 생각할 수 있으며, 이렇게 하여 일반적 근의 공식을 찾는 것은 기본다항식 a_{n-1}, $\cdots$, a_1, a_0으로부터 변수 x_1, x_2, $\cdots$, x_n을 결정하는 문제에 대응한다. 이러한 해석을 보통 **일반방정식**(general equation)이라 한다.

2차 방정식의 경우, 잘 알려진 2차의 근의 공식은 다음과 같은 해석으로 주어진다.

$$x_{1,2} = \frac{1}{2}(x_1 + x_2) \pm \frac{1}{2}(x_1 - x_2) = \frac{1}{2}(x_1 + x_2) \pm \frac{1}{2}\sqrt{(x_1 + x_2)^2 - 4x_1 x_2}$$

방정식의 근을 구하는 데 있어 의심의 여지없이 열쇠가 되는 중간단계의 값인 제곱근 자리에 근들에 관한 간단한 표현인 $(x_1 - x_2)$가 놓이게 된다는 사실에 주목할 필요가 있다.

5.2

3, 4차 일반방정식에 대해서도 근들에 의한 유사한 표현을 얻을 수 있다. 명백히 그만큼 더 복잡한 계산이 요구된다. 간소화된 형태가

$x^3 + px + q = 0$인 3차 방정식과 함께 시작해보자. 세 개의 근들은 두 값

$$u = \sqrt[3]{-\frac{q}{2} + \sqrt{\left(\frac{q}{2}\right)^2 + \left(\frac{p}{3}\right)^3}}, \quad v = \sqrt[3]{-\frac{q}{2} - \sqrt{\left(\frac{q}{2}\right)^2 + \left(\frac{p}{3}\right)^3}}$$

을 이용하여 Cardano의 공식으로부터 계산될 수 있다. 즉,

$$\begin{cases} x_1 = u + v, \\ x_2 = \zeta u + \zeta^2 v, \\ x_3 = \zeta^2 u + \zeta v \end{cases}$$

이 세 개의 방정식으로부터, 등식 $\zeta^2 + \zeta + 1 = 0$을 사용하여 근들에 관한 u 와 v의 표현을 다음과 같이 얻는다.

$$u = \frac{1}{3}\left(x_1 + \zeta^2 x_2 + \zeta x_3\right),$$

$$v = \frac{1}{3}\left(x_1 + \zeta x_2 + \zeta^2 x_3\right)$$

Cardano의 공식에 나오는 제곱근에 대하여 세 개의 근 x_1, x_2, x_3에 관한 다음과 같은 간결한 표현이 있다.

$$\begin{aligned}
\sqrt{\left(\frac{q}{2}\right)^2 + \left(\frac{p}{3}\right)^3} &= \frac{1}{2}\left(u^3 - v^2\right) \\
&= \frac{1}{54}\left(x_1 + \zeta^2 x_2 + \zeta x_3\right)^3 - \frac{1}{54}\left(x_1 + \zeta x_2 + \zeta^2 x_3\right)^3 \\
&= \frac{1}{18}\left(\zeta^2 - \zeta\right)\left(x_1^2 x_2 - x_1 x_2^2 + x_2^2 x_3 - x_2 x_3^2 + x_1^2 x_3 - x_1 x_3^2\right) \\
&= -\frac{1}{18} i \sqrt{3} \left(x_1 - x_2\right)\left(x_2 - x_3\right)\left(x_1 - x_3\right)
\end{aligned}$$

마지막 식에서 i의 출현으로부터 알 수 있듯이, 세 개의 실근을 갖는 특별한 경우 제곱근호 안에 식은 항상 음수이다. 더욱 중요한 것은 중근을 갖는 경우에만 이 식이 0이 된다는 사실이다. 모든 다른 차수의 일반방정식에 대해서도 두 근의 차가 모두 나타나는 항들의 유사한 곱으로 나타낼 수 있다.

방정식의 차수와 관계없이 그와 같은 근의 차들의 곱은 — 그 제곱을 판별식 (discriminant)이라 부르는데 — 방정식이 중근을 갖는 경우 0이 된다.

2차 항을 갖는 3차 방정식

$$x^3 + ax^2 + bx + c = 0$$

이 주어졌을 때 해법의 과정은 제1장에서 제시한 것처럼, 치환

$$x = y - \frac{a}{3}$$

와 함께 시작하여 간소화된 3차 방정식을 얻는다. Cardano의 공식에 나오는 중간단계의 값 u, v와 $\sqrt{(q/2)^2 + (p/3)^3}$ 을 원래의 방정식의 근들로부터 정할 수 있다. 꼭 필요한 모든 작업은 앞에서 유도했던 세 개의 공식들에 있는 각 근 x_j, $j = 1, 2, 3$를

$$x_j + \frac{1}{3}a = x_j - \frac{1}{3}(x_1 + x_2 + x_3)$$

로 바꾸는 것뿐이라서, 세 개의 공식들은 바뀌지 않는다. 따라서 세 개의 값 u, v와 $\sqrt{(q/2)^2 + (p/3)^3}$ 에 대한 그 공식들은 일반 3차 방정식에 대해서도 바뀌지 않고 그대로 성립한다.

5.3 간소화된 4차 방정식 $x^4 + px^2 + qx + r = 0$을 풀기 위한 Ferrari의 방법에서 핵심단계는 3차 분해방정식

$$z^3 - \frac{p}{2}z^2 - rz + \frac{pr}{2} - \frac{q^2}{8} = 0$$

의 한 근 z를 구하는 것이며, 그것을 바탕으로 네 개의 근을 두 2차 방정식

$$x^2 \mp \sqrt{2z - p}\,x \mp \sqrt{z^2 - r} + z = 0$$

으로부터 짝으로 구할 수 있다.

2차 방정식에 대한 Viète의 근 정리를 사용하여, 이 두 2차 방정식들로부터 두 쌍의 근의 곱들에 대한 값

$$x_1 x_2 = z + \sqrt{z^2 - r},$$
$$x_3 x_4 = z - \sqrt{z^2 - r}$$

을 유도할 수 있다. 이것으로부터

$$z = \frac{1}{2}(x_1 x_2 + x_3 x_4)$$

를 바로 얻는다.

완벽을 기하기 위해, 3차 분해방정식의 근 $z = z_1$은, 결코 미리 정하지 않은, 근 x_1, x_2, x_3, x_4의 가능한 한 번호 매기기에 대응한다는 것에 주목해야 한다. Ferrari의 방법은, 값 z에 관한 3차 분해방정식에 의해 미리 정해진 조건에 달려있는, 동치변환의 결과이므로 분해방정식의 다른 선택도 올바른 근들을 낳으며, 따라서 근들의 번호 매기기에 영향을 줄 뿐이다. 이 결과로, 분해방정식의 다른 두 근들이 근 x_1, x_2, x_3, x_4로부터 다음과 같이 결정될 수 있다.

$$z_2 = \frac{1}{2}(x_1 x_3 + x_2 x_4),$$
$$z_3 = \frac{1}{2}(x_1 x_4 + x_2 x_3)$$

이와 함께, 우리는 3차 분해방정식의 근에 있는 Cardano의 공식에 나오는 제곱근을 원래의 방정식의 근 x_1, x_2, x_3, x_4에 관하여 표현할 수 있다. 그 제곱근은 상수 인수를 제외하면 $(z_1 - z_2)(z_2 - x_3)(z_1 - z_3)$와 같다. 여기서, 이 차들의 곱의 한 인수는 다음 식

$$(z_1 - z_2) = \frac{1}{2}(x_1 x_2 + x_3 x_4 - x_1 x_3 - x_2 x_4) = \frac{1}{2}(x_1 - x_4)(x_2 - x_3)$$

과 같이 생겼고. 그 결과, 모든 차들 전체의 곱으로 식

$$(z_1 - z_2)(z_2 - z_3)(z_1 - z_3)$$

$$= \frac{1}{8}(x_1 - x_4)(x_2 - x_3)(x_1 - x_2)(x_3 - x_4)(x_1 - x_3)(x_2 - x_4)$$

을 얻는다. 그러므로 원래 방정식의 판별식은 3차 분해방정식의 판별식과 상수 인수를 제외하면 일치한다.

간소화된 형태가 아닌 4차 방정식에 대해서도, 3차 방정식의 경우와 같이 진행하면 된다. 먼저, 3차 항을 갖는 임의의 4차 방정식

$$x^4 + ax^3 + bx^2 + cx + d = 0$$

은

$$x = y - \frac{a}{3}$$

의 치환에 의해 간소화된 4차 방정식으로 변환된다. 그 과정에 나오는 원래의 방정식의 근들로 표현된 중간단계의 값에 대한 공식을 얻기 위하여 바로 전에 유도한 공식 속에 있는 각 근 x_j, $j = 1, 2, 3, 4$를

$$x_j + \frac{1}{4}a = x_j - \frac{1}{4}(x_1 + x_2 + x_3 + x_4)$$

로 바꾸어야 한다. 이렇게 하여 얻어진 다항식들로 일반 4차 방정식을 다룬다. 특히, 3차 분해방정식의 '첫' 근으로

$$z_1 = \frac{1}{2}(x_1 x_2 + x_3 x_4) - \frac{1}{16}(x_1 + x_2 + x_3 + x_4)^2$$

을 얻는다.

5.4 그러면 2차, 3차 및 4차 방정식을 풀기 위한 세 가지 방법들 사이의 유사성은 무엇인가? 세 가지 경우 모두에서 결정적인 중간단계의 값, 즉 근의 공식에 나오는 근호들에 대한 표현들은 '간단한' 표현 즉, 근 x_1, x_2, x_3, $\cdots$ 에 관한 다항식으로 나타내는 것이 가능하다. 물론, 그러한 표현들의 실제 형태는 근들의 번호 매기기에 의존한다.

실제로 근 x_1, x_2, x_3, $\cdots$ 에 관한 다항식으로 표현할 수 있는 것이 얼핏 보기에 그런 것처럼 놀라운 일인가? 해법은 항상 방정식의 계수들과 함께, 즉 근들에 대한 기본 대칭다항식에 의한 일반방정식에 관하여 시작되므로, 모든 중간단계의 값들이 보통의 산술연산과 포개진 꼴의 거듭제곱근을 이용하여 근들로 표현될 수 있다는 것은 실제로 당연하다. 그렇지만 선험적으로 당연하지 않은 사실은 다항식들만으로 충분하다는 것이고, 바로 2차, 3차와 4차의 경우가 그 경우이다. 즉, 중간단계의 값의 표현에 있어서 이를테면

$$\sqrt{x_1 + x_2^3 x_4}$$

와 같은 형태의 어떤 표현도 절대 나타나지 않는다는 것이다.

치환

유한개의 대상들의 순서를 바꾸는 것을 **치환**(permutation)이라고 한다. 그 대상들이 무엇인가는 중요하지 않으므로 보통 그것들을 자연수 1, 2, $\cdots$, n으로 나타낸다.

n개의 대상들의 치환의 개수를 결정하기는 쉽다. 그것은 'n factorial'이라고 읽고 $n! := 1 \cdot 2 \cdot 3 \cdots n$으로 정의하는 $n!$이다. 이것을 보이기 위하여, 수 1은 n개의 자리 중 하나에 위치할 수 있고, 그 다음 수 2를 위해 $n-1$개의 자리가 남고, 등등을 관찰한다. 그러면 배열가능한 수는 모두 합쳐 $n(n-1) \cdots 3 \cdot 2 \cdot 1$이 된다.

임의의 치환 σ를 나타내는 간단한 하나의 방법은 그 원소들의 상, 즉 바꾼 다음의 위치 $\sigma(1)$, $\sigma(2)$, $\cdots$, $\sigma(n)$를 열거하는 것이다. 기호로는

$$\begin{pmatrix} 1 & 2 & \cdots & n \\ \sigma(1) & \sigma(2) & \cdots & \sigma(n) \end{pmatrix}$$

와 같이 나타낸다.

특수한 경우에는 더 시사적인 기호를 사용하는 것이 편리하다. 우리는 소위 순환(cyclic)치환이라 부르는 것에 대하여 그런 기호를 사용할 것이다. 순환치환에서는 1부터 n까지 모든 수들이 하나에서 다른 하나로 어떤 순서로 바뀌고, 기호

$$\begin{pmatrix} 1 & 2 & 3 & 4 \\ 3 & 1 & 4 & 2 \end{pmatrix}$$

대신에 $1 \to 3 \to 4 \to 2 \to 1$로 나타낸다.

치환에 대한 중요한 성질 중 하나는 하나를 실행하고 그 다음 또 하나를 실행하여 다른 하나의 치환을 얻을 수 있다는 것이다. 다른 사상이나 함수들에 대해서처럼, 그러한 과정을 합성(composition)이라 하고, 보통 기호 $\circ$로 나타낸다. 예를 들어

$$\begin{pmatrix} 1 & 2 & 3 & 4 \\ 1 & 3 & 4 & 2 \end{pmatrix} \circ \begin{pmatrix} 1 & 2 & 3 & 4 \\ 2 & 3 & 1 & 4 \end{pmatrix} = \begin{pmatrix} 1 & 2 & 3 & 4 \\ 3 & 4 & 1 & 2 \end{pmatrix}$$

여기서 순서는 보통 함수나 사상에서처럼, 오른쪽에서 왼쪽으로 읽는다.[2] 이렇게 하여 왼쪽에서 두 번째 치환에 의해 수 1이 2로 보내진 다음, 가장 왼쪽의 치환에 의해 3으로 보내진다.

$n!$개의 치환 전체모임을 합성의 연산과 함께 대칭군(symmetric group)이라 부르고 S_n으로 나타낸다. 그것의 항등원은 임의의 원소를 원래의 위치에 남겨두는 항등치환(identity permutation)이다.

5차까지의 일반 다항방정식들에 대해 알려진 근의 공식들에서 모든 중간 단계의 값들은 근 x_1, x_2, … 에 관한 다항식들로 주어진다는 인식은 Joseph Louis Lagrange(1736~1813) 때문에 쌩겨났다. Friedrich 2세 덕분에 1766년부터 20년간 Berlin에서 주로 활동했던 Lagrange는 1771년 n차 방정식에 대한 일반적 해법 정리들의 연구결과를 발표하였다. Lagrange의 출발점은 4차까지의 방정식들에 대한 일반적 근의 공식의 체계적인 분석이었다. 4차까지의 방정식들의 해법에서 중간단계의 식들은 근 x_1, x_2, … 에 관한 다항식들로 표현될 수 있으므로, 근 x_1, x_2, … 에 관한 임의의 다항식들을 나타내는 방법을 찾는 것은 의미 있는 일이다. 더 정확히 말하면, 근 x_1, x_2, … 에 대해 주어진 다항식 $h(x_1, x_2, \cdots, x_n)$을 일반방정식의 계수, 즉 기본 대칭다항식으로부터 어떻게 결정할 수 있는가 하는 문제이다. 구체적으로, $h(x_1, x_2, \cdots, x_n)$이 하나의 근이고 그 계수들이 기본 대칭다항식들로 표현될 수 있는 간단한 다항식을 어떻게 찾을 수 있을까?

Lagrange는 그런 다항식을 다음과 같은 방정식의 구성에 의하여 항상 구할 수 있다는 것을 알았다.

$$(z - h(x_1, x_2, \cdots, x_n))(z - h(x_{\sigma(1)}, x_{\sigma(2)}, \cdots, x_{\sigma(n)})) \cdots = 0,$$

여기서 곱은 $n!$개의 치환들, 즉 변수의 번호 1, 2, … 의 순서 바꾸기들 중의 적당한 선택에 따라 이루어진다. 구체적으로 말하자면, 치환 σ들은 $h(x_1, x_2, \cdots, x_n)$으로부터 변수 x_1, …, x_n을 치환하여 나올 수 있는 가능한 임의의 다항식들이 곱 속에 정확히 한 번씩 나타나도록 선택된다. 그러면 우리가 알게 될 것으로, 미지수 z에 관하여 나타나는 방정식들의 계수들이 일반 방정식의 계수들, 즉 기본 대칭다항식들에 관하여 기본 산술연산을 사용하여 계산될 수 있다는 것을 얻게 된다. 그러므로 그 다항식 $h(x_1, x_2, \cdots, x_n)$에 대하여 원하는 방정식을 얻게 될 것이다.

이 모든 것들이 실제에서보다 더 복잡해 보인다는 것을 예를 들어 보일

수 있다. 다항식

$$h(x_1, \ x_2, \ x_3, \ x_4) = \frac{1}{2}(x_1 x_2 + x_3 x_4) - \frac{1}{16}(x_1 + x_2 + x_3 + x_4)^2$$

은 앞에서 4차 방정식을 푸는 Ferrari의 방법에서 3차 분해방정식을 조사했을 때 나왔다. 이 예의 경우, Lagrange의 보편적 구성에 의하여 다음 방정식을 얻는다.

$$\left(z - \frac{1}{2}(x_1 x_2 + x_3 x_4) + s\right)\left(z - \frac{1}{2}(x_1 x_3 + x_2 x_4) + s\right)$$
$$\left(z - \frac{1}{2}(x_1 x_4 + x_2 x_3) + s\right) = 0$$

여기서, 우리는 $s(x_1, \ x_2, \ x_3, \ x_4) = \frac{1}{16}(x_1 + x_2 + x_3 + x_4)^2$의 단축식을 사용한다. 이 세 일차항을 함께 곱하면, 지금은 일반적으로 적용 가능한 방법에 의해, 제3장에 있는 3차 분해방정식을 다시 얻게 된다.

이 특별한 경우뿐 아니라 일반적으로도 Lagrange의 구성을 써서, 그 계수들이 $x_1, \ x_2, \ \cdots$에 관한 다항식인, 미지수 z에 관한 방정식을 구할 수 있다. 변수 $x_1, \ x_2, \ \cdots$의 치환은 일차인수를 단순히 재배열하므로, 그 방정식의 계수를 형성하는 미지수 z에 관해 작성된 다항식들은 바뀌지 않고 남는다. 따라서 모든 계수들은 변수 $x_1, \ x_2, \ \cdots$에 관한 대칭다항식이다. 그리고 그런 대칭다항식들, 즉 n차 일반방정식의 계수들은 덧셈, 뺄셈 및 곱셈을 써서 기본 대칭다항식들에 관하여 나타내는 것이 항상 가능하다. 이것은 대칭다항식의 기본정리로 요약된다.

정리 5.1 $x_1, \ x_2, \ \cdots$에 관한 임의의 대칭다항식은 기본 대칭다항식들에 관한 다항식이다.

이 정리는 Lagrange에 의하여 가장 먼저 형성되었다. 그렇지만 이 정리는 물리학자이자 미적분학의 창시자인 Issac Newton(1643~1727)이 대칭다항

식을 표현하는 절차에 따라, 예를 들어, 식

$$x_1^2 + x_2^2 + x_3^2 + \cdots = (x_1 + x_2 + x_3 + \cdots)^2 - 2(x_1 x_2 + x_1 x_3 + x_2 x_3 + \cdots)$$

또는 식

$$x_1^2 x_2 + x_2^2 x_1 + x_1^2 x_3 + x_3^2 x_1 + x_2^2 x_3 + x_3^2 x_2 + \cdots$$
$$= (x_1 + x_2 + x_3 + \cdots)(x_1 x_2 + x_1 x_3 + x_2 x_3 + \cdots)$$
$$- 3(x_1 x_2 x_3 + x_1 x_2 x_4 + x_1 x_3 x_4 + x_2 x_3 x_4 + \cdots)$$

와 같이 구체적으로 증명하여 한 세기도 이전에 분명히 알려졌었다. 어떻게 이 정리가 구성적인 알고리즘을 사용하여 증명되는가는 대칭다항식의 기본 정리에 대한 절에서 설명한다. 판별식

$$\prod_{i<j}(x_i - x_j)^2 = (x_1 - x_2)^2(x_1 - x_3)^2(x_2 - x_3)^2 \cdots$$

에 대한 Lagrange의 대칭다항식에 대한 정리의 특별한 적용이 있다. 이 판별식은 관련된 방정식의 각 차수 n에 대하여, 그것의 대칭성 때문에 계수들에 의한 다항식 표현이 있어야 한다.

Lagrange에게 있어서 그 방정식의 차수에 관계없이 핵심적인 중요성을 갖는 변수 x_1, x_2, $\cdots$ 에 관한 또 하나의 다항식은 오늘날 Lagrange 분해 (resolvent)라 불리는[3]

$$h(x_1,\ x_2,\ \cdots,\ x_n) = x_1 + \zeta x_2 + \zeta^2 x_3 + \cdots + \zeta^{n-1} x_n$$

이다. 여기서 ζ는 1의 n차 제곱근이다.

$$h(x_1,\ x_2,\ \cdots,\ x_n) = \zeta \cdot h(x_2,\ x_3,\ \cdots,\ x_1) = \cdots$$
$$= \zeta^{n-1} \cdot h(x_n,\ x_1,\ \cdots,\ x_{n-1})$$

이고

$$h(x_1, x_2, \cdots, x_n)^n = h(x_2, x_3, \cdots, x_1)^n = \cdots = h(x_n, x_1, \cdots, x_{n-1})^n$$

이므로, $h(x_1, x_2, \cdots, x_n)^n$에 대해 Lagrange의 보편적 구성을 사용하여 그 계수들을 원래 방정식의 계수들에 관해 나타낼 수 있는 $(n-1)!$차의 분해방정식을 얻는다. 만약, 이 방정식이 일반 공식으로 풀이가 가능하다면 원래 방정식도 풀이가 가능하다. 왜냐하면, 이것은

$$x_1 = \frac{1}{n}(x_1 + \cdots + x_n + h(x_1, x_2, x_3, \cdots, x_n) + h(x_1, x_3, x_4, \cdots, x_2) +$$
$$\cdots + h(x_1, x_n, x_2, \cdots, x_{n-1}))$$

이고, 나머지 다른 근들에 대해서도 대응되는 유사한 방정식을 얻을 수 있기 때문이다. 비록, $n \geq 5$에 대하여 Lagrange 분해방정식에 대한 일반적인 해법이 명백히 없지만, 그의 방법은 어떤 특별한 경우에는 성공적이다. 그렇게 맨 처음으로 성공한 사람은 1770년 Lagrange와 독립적으로 '그 자신의' 분해방정식을 분석하였던 Alexandre-Théophile Vandermonde(1735~1796)이다. 이 부분은 제7장에서 더 상세히 언급할 예정이다.

대칭다항식의 기본정리

정리 5.1을 상기해보자.

변수 $x_1, x_2, \cdots$에 관한 임의의 대칭다항식은 기본 대칭다항식들에 관한 다항식으로 나타낼 수 있다.

이 정리의 증명은 수학적 귀납법의 의하여 가장 쉽게 이루어진다. 귀납법이 취해지는 순서는 특별한 다항식의 순서에 의한다. 그 순서는 언어에서 단어의 사전식 순서와 관련된다.

음절(monomial) $x_1^{j_1} \cdots x_n^{j_n}$이 음절 $x_1^{k_1} \cdots x_n^{k_n}$보다 더 크다는 것은 지수 $j_1, j_2, \cdots$를 순서대로 나열할 때, 대응하는 지수 k_s와 다른 최초의 지수

j_s가 k_s보다 클 때로 정의한다. 예를 들어, 정의에 따르면, 지수들의 두 나열 '251'과 '2421'의 사전식 순서에 의하여 음절 $x_1^2 x_2^5 x_3$는 음절 $x_1^2 x_2^4 x_3^2 x_4$보다 더 크다.

수학적 귀납법의 단계는 임의의 대칭다항식

$$f(x_1, \cdots, x_n) = \sum_{j_1, \cdots, j_n} a_{j_1 \cdots j_n} x_1^{j_1} \cdots x_n^{j_n}$$

과 함께 시작된다. 여기서 $x_1^{m_1} \cdots x_n^{m_n}$이 영이 아닌 계수 $a_{m_1 \cdots m_n}$을 갖는 가장 큰 음절이다. 우리는 수학적 귀납법의 가정으로, 영이 아닌 계수를 갖는 음절이 모두 음절 $x_1^{m_1} \cdots x_n^{m_n}$보다 작은 모든 다항식들에 대하여 정리가 성립된다고 가정한다. $f(x_1, \cdots, x_n)$는 대칭다항식이므로, 수 1, 2, $\cdots$, n의 임의의 치환 σ에 대하여 음절 $x_1^{m_{\sigma(1)}} \cdots x_n^{m_{\sigma(n)}}$의 계수는 $a_{m_1 \cdots m_n}$와 같다. 따라서 $m_1 \geq m_2 \geq \cdots \geq m_n$이다. 만약 그렇지 않다면 적당한 치환을 이용하여, 다항식 $f(x_1, \cdots, x_n)$에서 계수가 영이 아닌, $x_1^{m_1} \cdots x_n^{m_n}$보다 더 큰 음절을 찾을 수 있다.

이제 기본 대칭다항식들에 관한 다음과 같은 아주 특별한 다항식이 만들어진다.

$$g(x) = a_{m_1 \cdots m_n} \left(\sum_j x_j \right)^{m_1 - m_2} \left(\sum_{j<k} x_j x_k \right)^{m_2 - m_3} \cdots (x_1 x_2 \cdots x_n)^{m_n}$$

영이 아닌 계수를 갖는 가장 큰 항은

$$x_1^{m_1 - m_2} (x_1 x_2)^{m_2 - m_3} \cdots (x_1 x_2 \cdots x_n)^{m_n} = x_1^{m_1} \cdots x_n^{m_n}$$

이고 결과적으로 귀납법의 가정은 다항식 $f - g$에 대하여 성립된다.

임의의 주어진 대칭다항식에 대하여 기본 대칭다항식들에 관한 다항식이 명확히 계산되어야 한다면, 수학적 귀납법 단계에 대한 과정이 실질적인 목적에 따라 이루어질 수 있다. 유한 번의 단계를 거쳐, 그 과정은 영다항식으로 끝나게 되고, 이것은 형식적 수학적 귀납법 증명뿐 만 아니라 수학적 귀납법의 시작점으로서도 타당하다.

또한, 지금까지 설명한 과정은 정수계수의 대칭다항식들에 대하여 기본 대칭다항식들에 관한 정수계수 다항식을 항상 구할 수 있다는 것을 보여준다.

마지막으로, 우리는 대칭다항식들의 기본 대칭다항식에 의한 표현은 유일한 것에 주목한다. 이는 다음의 '유일성 정리' 때문이다. 이 정리의 형식에서 영 다항식의 경우로 제한할 수 있다. (같은 두 다항식에 관한 '일반적인' 상황에서는, 그 차이로 판단한다.)

정리 5.2 | 기본 대칭다항식들에서 영이 되는, 즉

$$f\left(\sum_j x_j, \ \sum_{j<k} x_j x_k, \ \cdots, \ x_1 x_2 \cdots x_n\right) = 0$$

인 다항식 $f(y_1, \cdots, y_n)$는 그 자체로 항등적으로 영과 같다.

증명은 귀류법에 의한다. $f(y_1, \cdots, y_n) \neq 0$인 다항식을 갖는다고 가정하자. 영이 아닌 계수 a를 갖는 음절 $y_1^{m_1} \cdots y_n^{m_n}$ 중에서 그 n-순서쌍의 배열

$$(m_1 + m_2 + \cdots + m_n, \ m_2 + \cdots + m_n, \ \cdots, \ m_n)$$

에서 사전식 배열 순서로 '가장 큰' n-순서쌍을 갖는 음절을 선택한다. 그러한 음절은 일의적으로 결정된다. 왜냐하면, 두 개의 같은 크기의 n-순서쌍에 대하여 문제의 두 음절의 지수들은 같기 때문이다. 따라서

$$f\left(\sum_j x_j, \ \sum_{j<k} x_j x_k, \ \cdots, \ x_1 x_2 \cdots x_n\right)$$
$$= a x_1^{m_1+m_2+\cdots+m_n} x_2^{m_2+\cdots+m_n} \cdots x_n^{m_n} + g(x_1, \ \cdots, \ x_n)$$

여기서 다항식 g에는 첫 음절보다 사전식으로 더 작은 음절들만 나타난다. 그러면 전체를 더하여 변수 x_1, x_2, $\cdots$에 관한 한 다항식으로 표현하여 영과 다른 다항식을 얻는다. 이것은 가정에 모순이다.

5.5 대칭다항식에 대한 정리를 제외하고 Lagrange의 결과들은 이 책의 뒤에 나오는 장들에 필요하지 않기 때문에 우리는 Lagrange의 연구로 더 깊이 들어가지 않도록 한다. 그럼에도, Abel이나 Galois와 같은 후세의 수학자들에 대한 Lagrange의 업적의 위대한 영향을 주목할 필요가 있다. 방정식의 근들을 치환하는 것의 중요성을 알게 된 것은 Lagrange의 위대한 성과였다. 또한, Lagrange는 5차 방정식을 풀 때 발생하는 중요한 어려운 문제들을 확실하게 최초로 인식한 사람이었다. Lagrange는 일반 5차 방정식의 경우에 '그의' 분해방정식에 대한 보편적인 방법을 간단하게 할 수 있었다. 풀어야 할 6차의 분해방정식을 유도하였지만, 그 자체로 그것에 대한 어떤 단순화도 제시하지는 않았다. ―'근호에 의한 해법'이라고 불리는― 포개진 근호에 의한 일반 5차 방정식의 풀이의 불가능성을 확립하기 위한 첫 시도는 Modena 대학의 수학 및 의학과의 학과장이었던 이탈리아인 Paolo Ruffini(1765~1822)에 의하여 이루어졌다. 비록 그의 시도는 증명이 불완전하였지만, 그의 논법은 일반 4차 방정식과는 달리 5차의 경우는 그 중간단계의 값이 변수 x_1, x_2, $\cdots$에 관한 다항식들이 되는 근호에 의한 해법을 가질 수 없다는 것을 확립하는 방향으로 멀리 나갔다. 그리하여, 5차 방정식들에 대한 일반 해법을 찾으려는 Lagrange의 방법은 성공을 거둘 수 없었다. (Ruffini와 일반 5차 방정식에 대한 절을 참고하기 바란다.)

일반 5차 방정식의 풀이 불가능성에 대한 Ruffini의 연구는 1799년과

1813년 사이에 나왔다. 이 불가능성의 완전한 증명은 —Ruffini의 연구와는 독창적으로 완전히 독립적으로— 1826년 24살의 노르웨이 수학자 Niel Henrik Abel에 의하여 이루어졌다. Abel의 증명은 특히 Ruffini가 증명 없이 제시하였던 가정의 증명을 포함한다. 그 가정은 만약 일반 5차 방정식의 근호에 의한 풀이가 가능하다면 그 풀이의 단계들은 항상 중간단계의 모든 값들이 변수 x_1, x_2, $\cdots$ 에 관한 다항식이 되는 그러한 방법으로 정렬할 수 있다는 것이다. 따라서 근호에 의한 일반적인 근의 공식에 있어서, 이를테면

$$\sqrt[5]{1 + x_3 + \sqrt{x_1 + x_2^3 x_4}}$$

와 같은 형태의 중간단계의 값은 항상 피할 수 있다.

Abel의 불가능성의 증명은 5차 이상의 차수를 갖는 일반방정식에 적용된다. 여기서 변수들로 해석되는 근 x_1, x_2, $\cdots$ 는 기본 대칭다항식에 관한 '일반 공식'의 의미로 결정된다. 특정한 5차 방정식, 예를 들어

$$x^5 - x - 1 = 0$$
$$x^5 + 330x - 4170 = 0$$

들의 근들이 포개진 거듭제곱 근호들로 표현될 수 있는가에 대한 답이 Abel의 증명에는 없다. 예를 들어 위의 첫째 방정식의 근들은 그렇게 표현될 수 없는 반면, 두 번째는 가능하다. 예컨대

$$x_1 = \sqrt[5]{54} + \sqrt[5]{12} + \sqrt[5]{648} - \sqrt[5]{144}$$

이다.

Abel의 사후에 출판된 논문에 의하면, 베를린(1825)과 파리(1826)로 갔던 연구여행으로부터 노르웨이로 돌아온 후, 1828년에 그는 특수한 n차 방정식들의 근호에 의한 해법의 가능성의 문제를 연구하고 있었던 것으로 알려진다. 안타깝게도, 그때 그는 결핵을 심하게 앓고 있었다. 넉넉지 못한 형편에 그의 수학적 성취를 보상할 직위를 얻지 못한 채, Abel은 1829년 26

세의 나이에 죽었다.[4] 언제 어떤 상황에서 특정한 한 방정식이 근호에 의하여 풀릴 수 있는지 하는 문제는 Galois에 의한 해법이 나오기까지 여러 해를 기다려야 했다.

Ruffini와 일반 5차 방정식

5차 이상의 방정식의 산술 연산과 거듭제곱근호로 이루어진 일반 해법이 왜 존재하지 않는가에 대한 Ruffini의 논법은 일부 세부적인 사항에서 완전하지 못하였다. 더구나, Ruffini의 논법은 구체적인 계산에 상당히 많이 의존하였던 그 당시의 수학계에서는 매우 생소한 것이었다. 그는 동료들의 무관심 속에서도, 그의 논법을 개선하고 단순화를 시도하였다. 곧이어, 우리는 1813년 그가 마지막으로 시도한 증명의 핵심적인 생각을 약간 수정된 형태로 살펴볼 것이다.[5]

Ruffini는 주어진 임의의 다항식의 변수들을 그 다항식을 바꾸지 않고 치환할 수 있는 방법을 연구하였다. 예를 들어, 다항식 $xy - 3z^2$은 x와 y를 바꾸었을 때 바뀌지 않지만, 반면에 항등치환을 제외한 나머지 네 개의 치환들에 대해서는 다르다. 다음 결과는 Ruffini가 시도했던 증명의 근간을 이룬다.

정리 5.3 변수 $x_1, \cdots, x_5$에 대한 다항식 $g(x_1, \cdots, x_5)$에 대하여 $f(x_1, \cdots, x_5)$를 그것의 m차 제곱 $g(x_1, \cdots, x_5)^m$이라 하자. 여기서 m은 자연수이다. 그러면, 다항식 f가 변수들의 치환에 대해 등식

$$f(x_1, x_2, x_3, x_4, x_5) = f(x_2, x_3, x_1, x_4, x_5) = f(x_1, x_2, x_4, x_5, x_3)$$

를 만족하면 대응하는 유사한 등식이 다항식 g에 대해서도 성립한다.

증명은 그 가정이 등식

$$g(x_1, x_2, x_3, x_4, x_5)^m = g(x_2, x_3, x_1, x_4, x_5)^m$$
$$= g(x_1, x_2, x_4, x_5, x_3)^m$$

와 동치라는 것을 언급하면서 시작된다. 따라서

$$g(x_1, x_2, x_3, x_4, x_5) = \zeta_1 g(x_2, x_3, x_1, x_4, x_5)$$
$$g(x_1, x_2, x_3, x_4, x_5) = \zeta_2 g(x_1, x_2, x_4, x_5, x_3)$$

을 만족하는 1의 m차 제곱근 ζ_1과 ζ_2가 존재해야 한다.

첫 등식 안에 있는 변수들의 치환을 반복적으로 적용하여 ― 두 방정식에서 세 변수들은 순환적으로 치환되고 나머지 두 변수는 바뀌지 않는다 ― 다음 결과를 얻는다.

$$g(x_1, x_2, x_3, x_4, x_5) = \zeta_1 g(x_2, x_3, x_1, x_4, x_5)$$
$$= \zeta_1^2 g(x_3, x_1, x_2, x_4, x_5) = \zeta_1^3 g(x_1, x_2, x_3, x_4, x_5)$$

이것은 두 번째 다항식에 대한 대응하는 유사한 계산과 함께,

$$\zeta_1^3 = \zeta_2^3 = 1$$

를 보여준다.

지금 두 치환을 합성하면, 특히 첫 치환 다음에 둘째 치환이 따라 나온다. 즉,

$$g(x_1, x_2, x_3, x_4, x_5) = \zeta_1 g(x_2, x_3, x_1, x_4, x_5)$$
$$= \zeta_1 \zeta_2 g(x_2, x_3, x_4, x_5, x_1)$$

한편, 첫 치환을 두 번 실행하면 다음을 얻는다.

$$g(x_1, \ x_2, \ x_3, \ x_4, \ x_5) = \zeta_1 g(x_2, \ x_3, \ x_1, \ x_4, \ x_5)$$
$$= \zeta_1^2 \zeta_2 g(x_3, \ x_1, \ x_4, \ x_5, \ x_2)$$

마지막에 유도된 두 방정식 안에 있는 두 치환에 대하여, 다섯 개의 변수들은 순환적으로 치환된다. 즉, 두 순환치환

$$x_1 \rightarrow x_2 \rightarrow x_3 \rightarrow x_4 \rightarrow x_5 \rightarrow x_1$$

과

$$x_1 \rightarrow x_3 \rightarrow x_4 \rightarrow x_5 \rightarrow x_2 \rightarrow x_1$$

이다. 그 두 3-순환치환에 대한 것에 대응하는 유사한 논법에 의하여

$$(\zeta_1 \zeta_2)^5 = (\zeta_1^2 \zeta_2)^5 = 1$$

을 얻는다.

이 두 등식으로부터 $\zeta_1^5 = 1$이 성립하고 이전에 얻었던 방정식을 이용하여

$$\zeta_1 = (\zeta_1^3)^2 (\zeta_1^5)^{-1} = 1$$

을 얻는다. 이 위에 계속하여, 또한 $\zeta_2^5 = 1$과 $\zeta_2 = (\zeta_2^3)^2 (\zeta_2^5)^{-1} = 1$를 얻는다. 이것으로부터 마침내 다항식 g에 대한 주장하는 그 등식이 성립한다.

다섯 개의 변수를 갖는 다항식에 대해 증명된 이 성질과 함께, 일반 5차 방정식의 근의 공식이 적어도, 더 낮은 차수의 방정식에서와 같은 식으로는 존재할 수 없다는 것을 곧바로 받아들일 수 있다. 즉, Lagrange에 의하여 언급된 것처럼, 그런 공식들은 기본 대칭다항식들과 함께 시작하여 그들로부터 단계적으로 변수 x_1, x_2, $\cdots$ 에 대한 다항식 g_1, g_2, $\cdots$ 을, 각각의 거듭제곱이 이전 단계의 다항식들로부터 사칙연산에 의하여 얻어질 수 있도록, 결정함으로써 얻어진다. 그러므로 j번째 단계에서는

$$g_j(x_1, \ x_2, \ \cdots)^{m_j} = f_j(x_1, \ x_2, \ \cdots)$$

의 형태를 얻게 된다. 여기서 함수 f_j는 기본 대칭다항식들만으로 표시되고, 다항식 $g_1, \ g_2, \ \cdots, \ g_{j-1}$는 이전 단계에서 얻어진다. 만약, 주어진 일반방정식이 5차(또는 그 이상)이면, Ruffini의 논법을 귀납적으로 적용하여 임의의 다항식 g_j는 조건

$$g(x_1, \ x_2, \ x_3, \ x_4, \ x_5) = g(x_2, \ x_3, \ x_1, \ x_4, \ x_5) = g(x_1, \ x_2, \ x_4, \ x_5, \ x_3)$$

을 만족해야만 한다는 것을 알 수 있다. 그러므로 어느 단계도 마지막 근의 단계의, 예를 들어 $g(x_1, \ x_2, \ \cdots) = x_1$와 같은 다항식을 이끌 수 없다.[6]

1 주어진 임의의 3차 방정식

$$x^3 + ax^2 + bx + c = 0$$

에 대하여, 그 근들이 주어진 방정식의 근들의 제곱인 3차 방정식을 결정하여라.

2 일반 4차 방정식

$$x^4 + ax^3 + bx^2 + cx + d = 0$$

의 해법이 (3차 항이 없는) 간소화된 4차 방정식으로 변환하지 않고, 분해 z로부터 4차 방정식의 근들을 계산하기 위하여 분해

$$z = x_1 x_2 + x_3 x_4$$

에 대한 3차 방정식을 만들어 바로 얻어질 수 있음을 보여라.

3 분해

$$z = (x_1 + x_2)(x_3 + x_4)$$

에 대하여 앞의 연습문제에서 제시된 계산을 수행하여라.

4
$$f(X) = (X - x_1) \cdots (X - x_n)$$
$$g(X) = (X - y_1) \cdots (X - y_m)$$

와 같이 일차식으로 인수분해되는 두 다항식에 대하여, 그 종결식 (resultant)을

$$R(f,\ g) = \prod_{i=1}^{n} \prod_{j=1}^{m} (x_i - y_j)$$

와 같이 정의한다. 분명히, 종결식은 두 다항식이 공통근을 가질 때만 항등적으로 정확히 영이다. 종결식은 다항식들의 계수들로부터 형식적으로 유도될 수 있음을 보여라. $n = m = 2$인 경우에 명확한 공식을 구하여라.

5 n개의 숫자 1, 2, $\cdots$, n의 k개를 순환적으로 바꾸고 나머지 $n-k$개는 바꾸지 않는 치환을 **순환(cyclic)치환**이라 한다. 정확히 두 숫자만을 서로 바꾸는 순환치환을 **호환(transposition)**이라 한다. 다음을 증명하여라.

(a) 임의의 치환은 순환치환들의 곱이다.

(b) 임의의 순환치환은 호환들의 곱이다.

(c) 임의의 치환은 호환들의 곱이다.

(d) 임의의 치환은 숫자 1을 다른 숫자와 바꾸는 호환들의 곱이다.

(e) 임의의 치환은 인접하는 두 숫자 j와 $j+1$을 서로 바꾸는 호환들의 곱이다.

1) 그런 방법들의 가장 완전한 기술을 Ludwig Matthiessen, *Grundzuge der antiken und modernen Algebra der litteralen Gleichungen*, Leipzig, 1896 에서 찾을 수 있다.

2) 어쩌면 이상하게 생각되는 이러한 순서는 한 함수의 변수를 오른쪽에 나타내고, 따라서 $(\sigma \circ \tau)(j) = \sigma(\tau(j))$로 쓴다는 사실에 의하여 설명될 수 있다.

3) 그러나 Lagrange 이전에도 이미 Bézout(1730~1783)과 Euler(1707~1783)에 의하여, 그런 표현들은 일반 n차 방정식의 근의 공식들에 대한 그들의 연구 속에 사용되었다.

4) Abel의 전기를 위해, Arild Stubhaug, *Niels Henrik Abel and his Times*, Springer, 2000(Norwweian original, 1996)를 참조하여라.

5) Raymond G. Ayoub, Paolo Ruffini's contributions to the quintic, *Archive for History of Exact Sciences*, 23 (1980), pp 253-277; Raymond G. Ayoub, On the nonsolvability of the general polynomial, *American Mathematical Monthly*, 89 (1982), pp 307-401; Christian Skau, Gjensen med, Abels og Ruffinis bevis for unmuligheten av alose den generelle n' tegradsligningen algebraisk nar n 35, *Nordisk Matematisk Tidskrift* (Normat), 38 (1990), pp 53-84, 192; Ivo Radloff, Abels Unmoglichkeitsbeweis im Spiegel der modernen Galoistheorie, *Mathematische Semesterberichte*, 45 (1998), pp 127-139를 참조하여라.

6) 그 문제는 Ruffni의 논법이 불완전하고, 이러한 결점이 수정될 수 있는가 라는 점 때문에 자연적으로 발생한다. 우리는 이미 Abel이 일반방정식의 근호에 의한 해법은, 그것이 존재한다면, 항상 각 중간단계는 근들에 관한 한 다항식에 대응하는 그런 방식으로 항상 해결할 수 있다는 한 증명을 제안하였다는 것을 언급하였다. 해설을 갖는 Abel의 증명의 재현을 Peter Pesic, *Abel's Proof, an essay on the sources and meaning of*

mathematical unsolvability, Cambridge, MA, 2003, pp 155-174에서 찾을 수 있다. Abel의 논법의 대안으로서,

$$\sqrt[5]{1 + x_3 + \sqrt{x_1 + x_2^3 x_4}}$$

와 같은 포개진 근호들을 포함하는 형식적인 표현으로 치환들을 확장하는 것이 역시 가능하다. 이러한 접근에 바탕을 둔 완전한 증명을 John Stillwell, Galois theory for beginners, *American Mathematical Monthly*, 101 (1994), pp. 22-27에서 찾을 수 있다. 우리는 더 이상 Galois의 일반적인 접근을 더욱 강조하는 심화 단계까지는 들어가지 않을 것이다.

제6장

차수를 낮출 수 있는 방정식

방정식 $x^5 - 2x^4 - 4x^3 + 2x^2 + 11x + 4 = 0$은
정계수의 2차 방정식과 3차 방정식으로부터 그 근들을 결정할 수 있다.
반면에, 방정식 $2x^5 + 6x^2 + 3 = 0$은 비교할 수 있는 낮은 차수 다항식이
아무것도 없다. 이 차이의 근거는 무엇이고 또 그것을 어떻게 알 수 있는가?

6.1   앞 장에서 특별한 차수의 방정식들에 대한 일반적 근의 공식을 구하기 위한 기법을 다루었다. 지금은 5차나 그 이상의 차수의 일반방정식의 근호에 의한 근의 공식을 구하는 것의 불가능성에 대한 Abel의 증명과 함께, 우리의 관심을 특수한 5차 이상의 방정식들로 제한할 것이다.

이 장의 시작에 나오는 첫 방정식은 일차식으로 인수분해되지는 않지만 그 차수가 1보다 큰 식들로 인수분해되는 방정식의 한 예이다.

$$x^5 - 2x^4 - 4x^3 + 2x^2 + 11x + 4 = (x^3 - 3x - 4)(x^2 - 2x - 1)$$

이므로 다섯 개의 근 가운데 세 개는 3차 방정식

$$x^3 - 3x - 4 = 0$$

으로부터 결정될 수 있고, 나머지 두 개는 2차 방정식

$$x^2 - 2x - 1 = 0$$

으로부터 결정될 수 있다. 앞의 장에서 서술된 방법을 이용하여, 근

$$x_{1,2,3} = \zeta \sqrt[3]{2+\sqrt{3}} + \zeta^2 \sqrt[3]{2-\sqrt{3}} \, ,$$
$$x_{4,5} = 1 \pm \sqrt{2}$$

를 얻는다. 여기서 $\zeta^3 = 1$.

두 번째 방정식에 대하여, 다항식 $2x^5 + 6x^2 + 3$은 대응하는 두 유리계수 다항식으로의 인수분해가 존재하지 않는다. 그런 부정적 주장이 어떻게 정당화될 수 있으며 또, 인수분해가 존재할 때 어떻게 이것을 얻을 수 있는가가 이 장의 주제이다. 구체적인 계산이 전면에 이루어진 앞 장과 비교하여, 여기서는 유리계수나 정수계수의 다항식들의 성질과 관련된 정성적인 관점에 더 관심을 갖게 될 것이다. 증명들은 지나치게 길지 않고 어렵지 않지만 전에 나왔던 것과 비교하여 다른 형태의 논법에 기반을 두고 있다. 증명의 적용 근거는 Carl Friedrich Gauss에 의한 다음 정리이다.

정리 6.1 $g(x)$와 $h(x)$를 최고차항의 계수가 1인 두 다항식이라 하자. (그런 다항식을 monic이라고 부른다.) $g(x)$와 $h(x)$의 계수들이 모두 유리수이고, 곱 $g(x)h(x)$가 정수계수의 다항식이면 원래 다항식 $g(x)$와 $h(x)$의 계수들은 모두 정수이다.

이 정리는 2의 제곱근이 무리수라는 잘 알려진 사실의 획기적인 일반화의 하나로 생각할 수 있다. 즉, $x^2 - 2$가 유리계수의 일차식으로 인수분해된다면 그런 계수들은 정수가 되어야 하고, 이것은 당연히 불가능하기 때문에 유리계수의 일차식으로 인수분해되지 않는다. 더구나, 정수 계수의 다항식들의 인수분해에 대한 다음 절의 논법은 2의 제곱근이 무리수라는 고전적인 증명에서의 논법과 어떤 관계를 갖고 있다. 두 논법의 기초는 약수관계의 자세한 관찰로써, 그러한 관계에 대한 가정이 모순을 이끈다.

정수계수 다항식의 인수분해

정리 6.1을 상기해보면,

> 만약 $g(x)$와 $h(x)$가 유리계수의 monic 다항식으로 곱 $g(x)h(x)$의 계수가 모두 정수이면, 원래 다항식 $g(x)$와 $h(x)$의 계수들은 모두 정수이다.

이 정리의 증명은 Gauss로 거슬러 올라가, $g(x)$와 $h(x)$의 계수들의 분모들을 전체적으로 곱하면서 시작된다. 특히, 우리는 두 다항식 $a \cdot g(x)$와 $b \cdot h(x)$의 계수가 모두 정수가 되도록 하는 최소의 두 양의 정수 a와 b를 결정한다. 이들 계수를 c_0, c_1, $\cdots$ 와 d_0, d_1, $\cdots$ 으로 나타낸다. 이제 곱 $ab \cdot g(x)h(x)$를 조사한다.

이제 우리는 곱 $ab \cdot g(x)h(x)$의 모든 계수들을 나누어떨어지게 하는 어떤 소수 p도 존재하지 않는다는 모순을 얻음으로서 증명을 하게 될 것이다. 이것이 우리가 정리의 증명을 어떻게 할 것인가 하는 것이다. 곱 $g(x)h(x)$의 계수들이 정수이므로 주장하는 소수 p가 존재하지 않음은 곧 $ab = 1$이고 따라서 a와 b를 선택한 방법에 의하여, $a = b = 1$임을 의미하고, 결과적으로 주어진 다항식 $g(x)$와 $h(x)$는 없애야 할 어떤 분모도 가질 수 없고 따라서 그것들의 계수들은 처음부터 정수여야 한다.

그러므로 우리는 곱 다항식 $ab \cdot g(x)h(x)$의 모든 계수들을 나누어떨어지게 하는 어떤 소수 p가 존재한다고 가정하자. 이 소수 p에 관하여 다음 두 경우를 생각하자.

경우 1 먼저, 두 다항식 $a \cdot g(x)$와 $b \cdot h(x)$ 모두가 p에 의하여 나누어떨어지지 않는 계수를 갖는 경우를 생각한다. 따라서 c_j와 d_k의 어느 것도 나누어떨어지지 않는 가장 작은 아래첨자 수 j와 k를 찾을 수 있다. 다항식 $ab \cdot g(x)h(x)$의 x^{j+k} 항의 계수는

$$c_j d_k + c_{j-1} d_{k+1} + \cdots + c_{j+1} d_{k-1} + \cdots$$

의 합으로 나타낼 수 있는데, j와 k의 선택에 의하여 합의 첫 항은 p에 의하여 나누어떨어지지 않지만 나머지 다른 항들은 모두 p로 나누어떨어지기 때문에 p에 의하여 나누어떨어지지 않는 것을 알 수 있다. 이것은 우리의 가정에 모순이다.

경우 2 여기서 우리는 $a \cdot g(x)$나 $b \cdot h(x)$ 가운데 하나는 모든 계수가 p로 나누어떨어진다고 가정한다. $a \cdot g(x)$에 대하여 이것이 성립한다고 가정하여도 일반성을 잃지 않는다. 다항식 $g(x)$에서 최고차항의 계수는 1이므로, 이 경우 a는 p로 나누어떨어져야 한다. 특히, $a > 1$이지만 이것은 a의 선택에 모순이다. 왜냐하면, 다항식 $\dfrac{a}{p} \cdot g(x)$의 계수들은 모두 정수이므로 a는 가정한 최소선택이 아니다.

이제, 일차인수를 찾는 특별한 경우에 정리 6.1을 적용하면, 곧 정수 계수의 monic 다항식의 유리수 근은 모두 정수 근임을 알 수 있다. 그 다항식의 상수항은 그런 근들로 나누어떨어져야 하므로, 근이 될 수 있는 유한개의 정수들을 점검하여 다항식들의 유리수 근들을 결정할 수 있다.

6.2

여러 가지 특별한 경우에 유리계수 다항식들에 의한 인수분해의 불가능성을 어떻게 간단하게 보일 수 있는가를 기술하기 전에, 우리는 몇 가지 예를 먼저 살펴보기로 한다. 우리는 가능하다면 어떻게 인수분해를 구할 수 있는가를 알고자 한다. 예를 들어, 이 장의 머리글에 나온 첫 방정식

$$x^5 - 2x^4 - 4x^3 + 2x^2 + 11x + 4$$

를 생각해보자. 만약 인수분해가 존재한다고 하면, 인수들 가운데 하나는 1차 또는 2차이고, 정리 6.1은 정수계수의 monic 다항식에 대해서만 조사를 제한해도 된다는 것을 말해준다. 따라서 조사해야 할 것은 4의 여섯 개의 약

수, 즉 ±1, ±2, ±4뿐이고 어느 것도 그 다항식의 근이 될 수 없으므로, 바로 일차인수가 없다는 것을 알게 된다. 그러므로 어떤 인수분해도 다음과 같은 형태가 되어야 한다.

$$x^5 - 2x^4 - 4x^3 + 2x^2 + 11x + 4 = (x^2 + ax + b)\left(x^3 - (a+2)x^2 + cx + \frac{4}{b}\right)$$

여기서, a와 c는 정수이어야 하고, b는 4의 여섯 개의 약수 중 하나여야 한다. 이 5차 다항식에 정수의 값들을 대입하여 얻은 값으로 계수들에 대한 추가의 제약을 얻을 수 있다. 예를 들어, $x = 2$에서 그 다항식의 값은 2이므로 예를 들면 2차 인수는 $x = 2$일 때 2를 나누어야만 한다. 따라서 식 $4 + 2a + b$는 2의 네 개의 약수 가운데 하나여야 한다. 이미 이들 두 제약은 a와 b에 대입해봐야 할 경우의 수가 모두 합쳐 $6 \cdot 4$이라는 결론을 우리에게 보여준다.[1]

물론, 계수들에 대한 이러한 제약과 함께, 부정적인 결론, 즉 주어진 정수 계수 다항식이 낮은 차수의 두 다항식의 곱으로 나타낼 수 없다는 것에 도달할 수도 있다. 그러한 다항식들을 유리수 위에서 기약(irreducible)이라고 한다.

6.3 약속했던 것처럼, 기약임을 증명하기 위하여 나누어짐의 관계를 결정적으로 이용하는 더 쉬운 방법이 흔히 있다. 이 장의 처음에 소개했던 다항식

$$2x^5 + 6x^2 + 3$$

에 대하여, 1850년에 4년 전 Theodor Schonemann에 의하여 주어진 증명과 독립적으로 이 정리를 증명한 수학자 Ferdinand Gotthold Max Eisenstein (1823~1852)의 이름을 딴 소위 Eisenstein 기약판정법(irreducibility criterion)을 사용할 수 있다.

정리 6.2 주어진 다항식 $f(x) = x^n + a_{n-1}x^{n-1} + \cdots + a_1 x + a_0$에 대하여, 계수들이 어떤 소수 p에 대하여 조건

- $a_{n-1}, \cdots, a_1, a_0$이 p로 나누어떨어진다.

- a_0는 p^2으로 나누어떨어지지 않는다.

을 만족한다고 하자. 그러면 다항식 $f(x) = x^n + a_{n-1}x^{n-1} + \cdots + a_1 x + a_0$는 유리수 위에서 기약이다.

Eisenstein 기약판정법은 그렇게 어렵지 않다. 그 증명은 이 장의 해당 이름의 절에서 볼 수 있다.

Eisenstein 기약판정법을 이용하여 다항식 $2x^5 + 6x^2 + 3$이 기약이라는 것을 증명하는 비결은 없다. (기약이라는 것은 그 다항식이 낮은 차수를 갖는 두 개의 유리계수 다항식으로 인수분해될 수 없음을 의미하는 것을 상기하자.) monic 다항식을 얻기 위하여, 주어진 다항식을 16배하여

$$(2x)^5 + 24(2x)^2 + 48$$

로 나타낼 수 있다. 소수 $p = 3$에 대한 Eisenstein의 기약판정법에 의하여, 다항식 $y^5 + 24y^2 + 48$은 유리수 위에서 기약이다. 따라서 다항식 $2x^5 + 6x^2 + 3$도 기약이다. 왜냐하면 $2x^5 + 6x^2 + 3$의 인수분해는 $y^5 + 24y^2 + 48$의 인수분해로 바로 전해지기 때문이다.

6.4

Eisenstein 정리의 중요한 응용은 원분다항식 $x^n - 1$에 대한 기약판정이다. 일차인수 $(x-1)$은 제거될 수 있으므로, 원분방정식은 $n > 1$일 때 결코 기약이 아니다. 그러나 소수 지수 n에 대하여, 일차인수 $(x-1)$는 유리계수 다항식으로의 인수분해에서 가능한 유일한 것이다. 다르게 말하면, 만약 일차인수를 나누어 없애면 남는 것은 기약이다. 즉, 만약 n이 소수

이면 다항식

$$\frac{x^n - 1}{x - 1} = x^{n-1} + x^{n-2} + \cdots + x^2 + x + 1$$

은 기약임을 보일 수 있다. 이것을 증명하기 위하여, $x = y + 1$로 치환하면 이항정리에 의하여 다음 식을 얻는다.

$$\frac{(y+1)^n - 1}{y} = y^{n-1} + \binom{n}{n-1}y^{n-2} + \cdots + \binom{n}{3}y^2 + \binom{n}{2}y + \binom{n}{1}$$

$$= y^{n-1} + \sum_{j=1}^{n-2} \frac{n \cdots (n-j)}{1 \cdot 2 \cdots (j+1)} y^j + n$$

잘 알려진 대로, 모든 이항계수들은 정수이다. 또한 마지막에 주어진 표현은 나타난 모든 이항계수들이 n으로 나누어떨어진다는 것을 보여준다. 왜냐하면 분자에 있는 소수 약수 n은 분모의 어떤 것으로도 약분되지 않기 때문이다. 따라서 소수 n에 대한 Eisenstein 기약판정법을 다항식 $(x^n - 1)/(x - 1)$에 적용하면, 이 다항식은 유리수 위에서 기약임을 보일 수 있다.

Eisenstein의 기약판정법

정리 6.2를 상기해보자.

주어진 다항식 $f(x) = x^n + a_{n-1}x^{n-1} + \cdots + a_1 x + a_0$에 대하여, 계수들이 어떤 소수 p에 대하여 다음 조건을 만족한다고 하자.

- $a_{n-1}, \cdots, a_1, a_0$이 p로 나누어떨어진다.
- a_0는 p^2으로 나누어떨어지지 않는다.

그러면 다항식 $f(x) = x^n + a_{n-1}x^{n-1} + \cdots + a_1 x + a_0$는 유리수 위에서 기약이다.

간접적인 증명방법을 택한다. 즉, 증명하고자하는 정리에서 결론을 부정하여 가정으로부터 모순을 이끌어내도록 한다. 이렇게 하여 인수분해 $f(x) = g(x)h(x)$를 갖는다고 하자. 여기서, $g(x)$와 $h(x)$는 최고차계수가 1인 유리계수 다항식이다. 즉

$$g(x) = c_r x^r + c_{r-1} x^{r-1} + \cdots + c_0,$$
$$h(x) = d_s x^s + d_{s-1} x^{s-1} + \cdots + d_0$$

단, $c_r = d_s = 1$이다. 물론 차수 r과 s는 적어도 1 이상이다.

이전의 정리로부터 전체계수 c_r, c_{r-1}, $\cdots$, c_0와 d_s, d_{s-1}, $\cdots$, d_0는 모두 정수이다. 곱 $a_0 = c_0 d_0$는 소수 p로 나누어떨어지지만 p^2으로 나누어떨어지지 않으므로, 계수 c_0와 d_0 가운데 꼭 하나만 p로 나누어떨어진다. 그것이 c_0라고 가정하자. 그러면 계수 d_0는 소수 p로 나누어떨어지지 않는다. $c_r = 1$이므로, c_j가 p로 나누어떨어지지 않는 최소의 지수 j가 존재한다. 다항식 $f(x)$의 대응하는 계수 a_j에 대하여 다음 공식을 얻는다.

$$a_j = c_j d_0 + c_{j-1} d_1 + \cdots + c_0 d_j$$

여기서 합의 첫 항은 p로 나누어떨어지지 않고, 나머지 다른 것들은 모두 p로 나누어떨어진다. 따라서 a_j는 p로 나누어떨어지지 않고, $j \leq r < n$이므로 이것은 모순이다.

1 다항식 $x^6 + 9x^5 + 19x^4 - 4x^3 + 5x^2 - 13x - 3$을 유리수 위에서 기약인수로 인수분해하여라.

2 다항식 $x^6 + 4x^5 - 2x^4 + x^3 - 3x^2 + 5x + 1$이 유리수 위에서 기약임을 보여라.

1) 만약 수치근사를 이용하여 인수분해하려는 다항식의 다섯 개의 복소수 근이 결정된다면 완전히 다른 접근이 가능하다. 그러면 일차인수의 어떤 가능한 선택이 정계수의 다항식을 생산하는지를 검사하기만 하면 되는데, 이렇게 얻어진 어떤 다항식들을 곱하여 반올림 오차 없이 가능하다. 이는 컴퓨터 대수시스템(CAS)을 바로 시도해볼 수 있으며, Mathematica 명령어 Factor[$x^5 - 2x^4 - 4x^3 + 2x^2 + 11x + 4$]는 즉시

$$(-1 - 2x + x^2)(-4 - 3x + x^3)$$

을 결과로 보여준다.

제7장

정다각형의 작도

"아침에 (내가 침대에서 일어나기 전에) 생각을 집중하여 …"라는 말과 함께, 1796년 Carl Friedrich Gauss는 자와 컴퍼스를 사용하여 정십칠각형을 작도할 수 있다는 그의 발견을 둘러싼 상황을 기술하였다. 어떻게 Gauss는 순수한 상상력의 훈련으로 기하학적 도형의 작도의 가능성을 생각해낼 수 있었을까?

7.1   1796년 3월 29일, 위에서 말하고 있는 열여덟 살의 Gauss에 의한 발견은 그 누구와도 영역과 중요성을 견줄 수 없는 수학에 있어서 한 생의 시작을 알린다.[1] Gauss는 스스로 한 학술잡지에서 정십칠각형에 관한 그의 발견을 이렇게 기술하였다.

> 정삼각형, 정오각형, 정십오각형 그리고 그 변의 수를 두 배한 각종 정다각형이 작도가능하다는 것은 Euclid 이후 기하학 초보자도 알 수 있는 사실이다. 그러나 그 이후 수학자들은 기초 기하학의 장이 더 이상의 새로운 결과를 얻지 못한다고 믿어왔다. 적어도 내가 아는 한 이 방향에서 기하학의 연구를 확장하는 어떤 성공적인 시도가 없었다. 더욱이, 내 생각으로는 그러한 정다각형들에 추가하여, 예를 들어 정십칠각형을 포함한 다수의 다른 정다각형들도 작도 가능하다는 사실에 주목해야 한다.…

자와 컴퍼스에 의한, 주로 세 개의 주어진 데이터로부터 삼각형의 기하학적 작도는 여전히 학교 표준교육과정의 한 부분으로 남아있는 고전 수학의 잔재이다. 그러한 훈련의 중요성은 고대로 이어지는 전통의 일부라는 것을 제외하고, 실제 응용력보다 학생들의 논리적 생각의 습관을 길러주는 것이다. (눈금 없는) 자와 컴퍼스에 의한 작도는 단위길이만큼 떨어진 두 점으로부터 시작하여, 특정한 점들의 작도를 허락하는 지정된 기본조작들로 제한된다. 따라서 이렇게 작도된 점들의 집합이 주어졌을 때 다음을 추가로 작도할 수 있다.

- 그 중심이 이미 작도된 점이고, 반지름이 이미 작도된 두 점 사이의 거리인 원을 그린다.
- 이미 작도된 두 점을 잇는 직선을 그린다.
- 이전의 두 단계에서 그려진 원과 직선이 만나는 모든 점은 작도된 점으로 생각한다.

얼핏 보기에는 기하학적 도형의 작도와 일변수의 방정식과는 아무런 관계가 없어 보인다. 그러나 제2장에서 살펴본 것처럼, 복소평면에서 1의 n차 제곱근들, 즉 방정식 $x^n - 1 = 0$의 n개의 근들은 정n각형의 꼭짓점들이고, 사실 단위 원(unit circle)에 내접한다. 그림 7.1을 살펴보자. 만약, 점 $1 = (1, 0)$에서 시작하여, 시계 반대방향으로 정n각형의 다음 꼭짓점, 즉 $\zeta = \cos\left(\dfrac{2\pi}{n}\right) + i\sin\left(\dfrac{2\pi}{n}\right)$을 자와 컴퍼스로 작도할 수 있다면 정$n$각형이 작도가능임을 증명하게 될 것이다.

평면에서의 점에 대한 복소수의 기하학적 해석에 아주 정통했던 Gauss는 ─ 사실 그를 기념하여 사람들은 Gauss 평면이라 부른다 ─ 근호에 의하여 원분방정식을 풀 수 있었다. 적절한 중간단계의 값을 구하기 위하여 그는 먼저 정수의 나눗셈에 관한 성질에 대한 그의 지식에서 비롯된 특별한 방법으로 1의 n차 제곱근들의 순서를 정하였다.

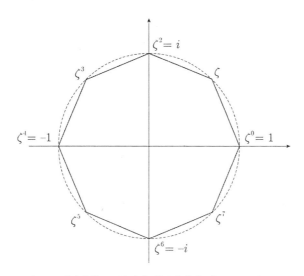

그림 7.1 정팔각형으로부터의 원분방정식 $x^n - 1 = 0$의 근. 여덟 개의 모든 8차 제곱근들을 원시근 $\zeta = \cos\left(\dfrac{2\pi}{8}\right) + i\sin\left(\dfrac{2\pi}{8}\right)$의 거듭제곱 1, ζ, ζ^2, ⋯, ζ^7으로 나타낼 수 있다.

이 시점에서 그 원에 놓인 위치에 따라, 즉 그림 7.1에서처럼 1, ζ, ζ^2, ⋯, ζ^7으로 그 근의 순서를 정하는 것이 의미가 있어 보인다. 단, 여기서 $\zeta = \cos\left(\dfrac{2\pi}{n}\right) + i\sin\left(\dfrac{2\pi}{n}\right)$이다. 그러나 Gauss는 n이 소수일 때는 적어도 아주 다르게 근의 순서를 매기는 것이 의미가 있다는 것을 알았다. $\zeta^n = 1$을 생각하면, ζ^j의 값은 j를 n으로 나누었을 때 그 나머지에만 의존한다. 그러므로 n으로 나누었을 때 그 나머지들의 어떤 순서를 선택할 수 있다. 당연한 순서인 1, 2, ⋯, $n-1$에 추가하여, n이 소수인 경우에는 영이 아닌 모든 나머지 1, 2, ⋯, $n-1$은 1을 계속 더하는 것 외에도, 어떤 적당한 수 g를 계속 곱하여도 얻을 수 있다.[2] 이렇게 하여, g^0, g^1, g^2, ⋯, g^{n-2}라는 순서를 얻는다. g를 n으로 나누었을 때 그 나머지를 modulo n 원시근(primitive root modulo n)이라 부른다.[3]

예를 들어, $n = 17$인 경우에 $g = 3$으로 선택할 수 있다. 사실, $g^0 = 1$에서 시작하여, $g^1 = 3^1 = 3$, $g^2 = 9$, 다음은 $g^3 = 3^3 = 27 \equiv 10 \bmod 17$을 얻는다. 그러면 $g^4 = 3 \cdot 10 = 30 \equiv 13$이다. 모두 합쳐 다음 순서를 얻는다.

$$3, \ 9, \ 10, \ 13, \ 5, \ 15, \ 11, \ 16, \ 14, \ 8, \ 7, \ 4, \ 12, \ 2, \ 6, \ 1$$

이 목록은 $g^{16} \equiv 1$로 끝나므로, $g^{17} \equiv 3$, $g^{18} \equiv 9$ 등등으로 무한히 계속할 수 있다.

정십칠각형의 경우에, 결과로 얻은 1의 근의 목록은 다음 형태를 취한다.

$$\zeta^1, \ \zeta^3, \ \zeta^9, \ \zeta^{10}, \ \zeta^{13}, \ \zeta^5, \ \zeta^{15}, \ \zeta^{11}, \ \zeta^{16}, \ \zeta^{14}, \ \zeta^8, \ \zeta^7, \ \zeta^4, \ \zeta^{12}, \ \zeta^2, \ \zeta^6$$

이렇게 하는 목적은 주기(period)라고 부르는 1의 근들의 어떤 부분합을 만들기 위한 것인데, 이들은 단계적으로 1의 근을 계산할 수 있게 한다. 홀수 번째와 짝수 번째 놓인 1의 근들을 각각 포함하는 두 개의 주기와 함께 시작해보자. 여덟-원소 주기(eight-member period)라고 부르는 이들은 다음과 같다.

$$\eta_0 = \zeta^1 + \zeta^9 + \zeta^{13} + \zeta^{15} + \zeta^{16} + \zeta^8 + \zeta^4 + \zeta^2$$
$$\eta_1 = \zeta^3 + \zeta^{10} + \zeta^5 + \zeta^{11} + \zeta^{14} + \zeta^7 + \zeta^{12} + \zeta^6$$

다음은 목록에서 위치의 차이가 4씩 다른 근들을 포함하는 네 개의 주기를 생각한다. 이들 네 개씩의 1의 근들의 합은 네-원소 주기(four-member period)라고 하는데 다음과 같다.

$$\mu_0 = \zeta^1 + \zeta^{13} + \zeta^{16} + \zeta^4,$$
$$\mu_1 = \zeta^3 + \zeta^5 + \zeta^{14} + \zeta^{12},$$
$$\mu_2 = \zeta^9 + \zeta^{15} + \zeta^8 + \zeta^2,$$
$$\mu_3 = \zeta^{10} + \zeta^{11} + \zeta^7 + \zeta^6$$

마지막으로, 두-원소 주기(two-member period), 즉 맨 처음 목록에서 여덟 번째 떨어진 위치의 1의 근들의 합을 생각하자. 우리의 목적을 위해 다음 두 개의 주기만 생각하면 충분하다.

$$\beta_0 = \zeta^1 + \zeta^{16},$$
$$\beta_4 = \zeta^{13} + \zeta^4$$

이들 주기 모두는 실수이고, 임의의 주기가 그 다음 단계의 긴 주기로부터 2차 방정식에 의하여 얻어질 수 있다는 ─ 이것은 Gauss가 '집중된 사고'에 의하여 인식했던 것이다 ─ 이러한 특별한 구성에 의하여 얻어지는 추가적인 성질을 갖는다. 이를 위해, 그 짝의 각 합과 각 곱이 두 배 길이의 주기들의 한 합으로 표현되도록 주기들을 짝을 짓는다. 이것이 어떻게 가능한지 살펴보자.

두 여덟-원소 주기 η_0, η_1과 함께 계산을 시작한다. 그 합은 계산하기 어렵지 않다. 즉,

$$\eta_0 + \eta_1 = \zeta^1 + \zeta^2 + \cdots + \zeta^{16} = \left(1 + \zeta^1 + \zeta^2 + \cdots + \zeta^{16}\right) - 1 = -1$$

여기서, 우리는 1의 n차 제곱근 전체의 합은 항상 0임을 알고 있는데 이것은 대수적으로는 Viéte의 근 정리를 원분방정식에 적용하여 바로 얻어지고, 기하학적으로는 원점이 n개의 꼭짓점들의 질량중심이기 때문이다. 이에 비하여, $\eta_0\eta_1$에서 64개의 곱을 결정하는 것은 지겨운 일이다. 기초적이지만 매우 많은 노력 후에 식 $\eta_0\eta_1 = -4$를 얻는다. 따라서 두 여덟-원소 주기들은 2차 방정식

$$y^2 + y - 4 = 0$$

의 근들에 의해 계산되며, 그 결과는

$$\eta_{0,\,1} = -\frac{1}{2} \pm \frac{1}{2}\sqrt{17}$$

이다.

이제, 상세한 계산과정은 매우 복잡하여 생략하지만, 두 여덟-원소 주기 η_0과 η_1로부터 네 개의 네-원소 주기 μ_0, μ_1, μ_2, μ_3을 다음과 같이 계산할 수 있다.

$$\mu_0 + \mu_2 = \eta_0,$$
$$\mu_0 \mu_2 = \zeta^1 + \zeta^2 + \cdots + \zeta^{16} = -1,$$
$$\mu_1 + \mu_3 = \eta_1,$$
$$\mu_1 \mu_3 = -1$$

이 네 개의 등식으로부터, 네-원소 주기들을 계산할 수 있는 다음의 두 방정식

$$y^2 - \eta_0 y - 1 = 0,$$
$$z^2 - \eta_1 z - 1 = 0$$

을 얻는다.

첫 방정식의 두 근은 $y_1 = \mu_0$과 $y_2 = \mu_2$이고 또한, 두 번째 방정식의 두 근은 $z_1 = \mu_1$과 $z_2 = \mu_3$이다.

마침내, 우리는 두-원소 주기 β_0과 β_1을 계산할 수 있다. 이전과 마찬가지로, 그 열쇠는 그 합과 곱을 계산하는 것이다. 그 결과는

$$\beta_0 + \beta_4 = \left(\zeta^1 + \zeta^{16}\right) + \left(\zeta^{13} + \zeta^4\right) = \mu_0$$
$$\beta_0 \beta_4 = \left(\zeta^1 + \zeta^{16}\right)\left(\zeta^{13} + \zeta^4\right) = \zeta^{14} + \zeta^5 + \zeta^{12} + \zeta^3 = \mu_1$$

이 결과로부터, 다음 2차 방정식을 얻게 된다.

$$y^2 - \mu_0 y + \mu_1 = 0$$

그 근은 두-원소 주기 $y_1 = \beta_0$와 $y_2 = \beta_4$이다.

원한다면, 지금 1의 17차 제곱근을 다음 2차 방정식으로부터 계산할 수도 있다.

$$y^2 - \beta_0 y + 1 = 0$$

그 두 근은 $y_1 = \zeta^1$와 $y_2 = \zeta^{16}$이다. 그러나 기하도형의 작도를 위해서는 이 방정식을 쓸 필요가 없다. 왜냐하면, 정17각형은 길이가 $\beta_0 = 2\cos\left(\dfrac{2\pi}{17}\right)$인 선분을 이용하여 작도할 수 있기 때문이다.

만약 우리가 지금까지 얻어온 방정식들을 하나씩 차례로 풀고, 수치근사 계산에 기초한 어떤 순서로 근들을 선택하면 최종결과로서 소개문에서 제시된 등식

$$\beta_0 = 2\cos\left(\frac{2\pi}{17}\right) = -\frac{1}{8} + \frac{1}{8}\sqrt{17} + \frac{1}{8}\sqrt{34 - 2\sqrt{17}}$$
$$+ \frac{1}{4}\sqrt{17 + 3\sqrt{17} - \sqrt{34 - 2\sqrt{17}} - 2\sqrt{34 + 2\sqrt{17}}}$$

을 얻게 된다.

제곱근호에 의한 이 표현은 정17각형이 작도가능임을 바로 보여줄 뿐만 아니라 어떻게 작도가 실행될 수 있는지를 알려준다.[4] 그 이유는 자와 컴퍼스에 의한 한 점의 작도가능성은 자연수의 사칙연산과 제곱근호로 그 점을 나타낼 수 있는 것과 동치이기 때문이다. 이에 대한 더 자세한 것을 위해서는 자와 컴퍼스에 의한 작도에 대한 절을 보면 된다.

자와 컴퍼스에 의한 작도

자와 컴퍼스를 써서 무슨 점들을 작도할 수 있는가라는 기하학적 질문은 데카르트 좌표계(the system of Cartesian coordinates)를 이용하여, 순전히 대수적 문제로 바꿀 수 있다. 다음의 정리를 살펴보자.

정리 7.1 점 $(0,0)$부터 점 $(0,1)$까지 '원시의' 단위길이가 주어졌을 때, 평면 위의 한 점을 자와 컴퍼스를 써서 작도할 수 있는 필요충분조건은 덧셈, 뺄셈, 곱셈, 나눗셈의 네 가지 기본연산을 사용하여 유리수들과 몇 겹의 포개진 제곱근호들로 그 점의 두 좌표를 나타낼 수 있는 것이다.

그런 좌표를 갖는 점을 실제로 자와 컴퍼스를 써서 작도할 수 있다는 관찰과 함께 시작하자. (그러한 임의의 점은 **작도가능**(constructible)이라고 한다.) 특히, 네 가지 기본연산과 제곱근을 취하는 것은 작도가능인 점을 유도한다는 것을 증명할 것이다. 그림 7.2에서 왼쪽의 세 그림은 작도된 길이 a와 b 그리고 단위길이 1과 함께 시작하여 $a+b$, $a-b$, ab, $\dfrac{a}{b}$의 길이를 어떻게 작도할 수 있는가를 보여준다. 덧셈과 뺄셈은 컴퍼스를 사용하여 한 선분을 다른 선분으로 옮겨 쉽게 실행할 수 있다. 곱셈과 나눗셈은 회색으로 표시된 평행선을 작도하여 실현된다. 닮은 삼각형에 대한 비의 법칙이 나타낸 결과를 보장한다.

제곱근을 취하는 것은 닮은 삼각형의 비의 법칙을 이용하여 이루어진다. 특히, 그림 7.2의 오른쪽 그림에서 세 개의 직각삼각형(두 작은 삼각형들이 지름이 $1+a$인 반원에 내접하는 큰 삼각형을 형성)은 닮은 삼각형이다. $\sqrt{a}$ 는

$$\frac{1}{\sqrt{a}} = \frac{\sqrt{a}}{a}$$

의 관계를 만족하는 것에 주목한다.

역명제 역시 증명하기 어렵지 않다. 그 증명을 위하여, 자와 컴퍼스에 의한 작도의 조작과정들이 새로 작도되는 점의 좌표에 미치는 영향에 관하여 분석해야 한다.

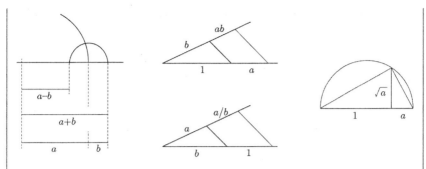

그림 7.2 기본 산술연산과 제곱근을 자와 컴퍼스로 작도하는 법.

René Descartes는 기하학적 문제를 대수적으로 형식화하는 개념을 맨 처음으로 중요하게 사용하였다. 그의 1637년 저술 《*La Geometrie*》의 첫 페이지에 그림 7.2에 해당하는 그림들을 볼 수 있다.[5] Descartes는 맨 처음 넓이나 부피와는 다른 방법으로 기하학적 곱셈과 거듭제곱을 해석하여, 4차 이상의 거듭제곱을 폭넓게 사용할 수 있도록 하였다. 이러한 Descartes의 공헌은 (라틴어화된 이름인 *Cartesius*로부터 나온) 데카르트 좌표계(Cartesian coordinates)라는 용어로 기념하게 된다.

7.2

Gauss가 정십칠각형을 작도하는 방법이 있다는 것을 스스로 확신하기 위하여 그런 자세한 계산을 일일이 해야 했던 것은 아니었다. 주기를 사용함으로써 계속적인 2차 방정식들에 의하여 1의 17차 제곱근을 계산하는 것이 가능하다는 것을 아는 것으로 충분하였다. 결국, 중요한 것은 각각의 주기에 대하여 같은 길이의 또 하나의 주기를 구할 수 있고, 그 결과 합과 곱이 두 배 길이의 주기들에 관하여 계산될 수 있다는 것이다. 우리는 지금, 다른 어떤 정다각형을 자와 컴퍼스로 작도할 수 있는가를 알 수 있도록 이것을 좀 더 깊게 알아보려 한다. 안타깝게도 다소 복잡한 계산이 필수적일 것이다. 그러나 다음 장의 이해를 위해서는 필요하지 않으므로 건너뛰어도 좋다.

우리가 이미 언급해온 것처럼, Gauss에 의하여 발견된 소수 n에 대한 원분방정식 $x^n - 1 = 0$의 단계별 해법은 modulo n 원시근을 사용한다. 여기서 modulo n 원시근은 g^1, g^2, $\cdots$, g^{n-1}를 n으로 나누었을 때 생기는 나머지들의 전체집합이 1, 2, $\cdots$, $n-1$으로 이루어지는 정수 g를 말한다. $ef = n-1$ 형태의 임의의 인수분해에 대하여 다음을 정의할 수 있다. 즉, 1의 근

$$\zeta = \cos\left(\frac{2\pi}{n}\right) + i\sin\left(\frac{2\pi}{n}\right)$$

의 임의의 거듭제곱 ζ^k에 대하여 f-원소 주기

$$P_f(\zeta^k) = \zeta^k + \zeta^{kg^e} + \zeta^{kg^{2e}} + \cdots + \zeta^{kg^{(f-1)e}}$$

를 정의한다. 모든 주기들이 $P_f(1) = f$가 되는 특별한 경우인 $k = 0$, $\pm n$, $\cdots$를 제외하고,

$$P_f(\zeta^k) = P_f(\zeta^{kg^e}) = \cdots = P_f(\zeta^{kg^{(f-1)e}})$$

이므로 많아야 e개의 서로 다른 f-원소 주기는

$$P_f(\zeta), \ P_f(\zeta^g), \ P_f(\zeta^{g^2}), \ \cdots, \ P_f(\zeta^{g^{e-1}})$$

이다.

증명되어야 할 성질은 두 f-원소 주기들의 곱과 관련이 있다. 그런 곱은 항상 f-원소 주기들의 합으로 나타낼 수 있다. 이를 증명하기 위하여

$$P_f(\zeta^j)P_f(\zeta^k) = \left(\sum_{p=0}^{f-1}\zeta^{jg^{pe}}\right)\left(\sum_{q=0}^{f-1}\zeta^{kg^{qe}}\right) = \sum_{p=0}^{f-1}\sum_{q=0}^{f-1}\zeta^{jg^{pe} + kg^{qe}}$$

임을 주목한다. 만약, 안쪽 합의 합기호에 있는 지표수를 $q = p + r$로 바꾸면 우리가 원하는 다음 식을 얻는다.

$$P_f(\zeta^j)P_f(\zeta^k) = \sum_{p=0}^{f-1}\sum_{r=0}^{f-1}\zeta^{(j+kg^{re})g^{pe}} = \sum_{r=0}^{f-1}\sum_{p=0}^{f-1}\zeta^{(j+kg^{re})g^{pe}}$$

$$= \sum_{r=0}^{f-1}P_f(\zeta^{j+kg^{re}})$$

$j = k$인 특별한 경우에는

$$P_f(\zeta^j)^2 = \sum_{q=0}^{f-1}P_f(\zeta^{j+jg^{qe}}) = \sum_{q=0}^{f-1}P_f(\zeta^{j(1+g^{qe})})$$

을 얻는다.

만약 수 e가 짝수이면, $n = 17$의 경우와 마찬가지로, f-원소 주기들은 $2f$-원소 주기들로부터 2차 방정식을 이용하여 계산될 수 있다. 우리는 분명히 다음 식을 얻는다.

$$P_f(\zeta^k) + P_f(\zeta^{kg^{e/2}}) = P_{2f}(\zeta^k)$$

관련된 곱 또한 $2f$-원소 주기들과 대응한다는 것을 보이기 위하여, 두 제곱의 합이 다음과 같은 한 표현을 갖는다는 것을 보이면 충분하다.

$$P_f(\zeta^k)^2 + P_f(\zeta^{kg^{e/2}})^2 = \sum_{q=0}^{f-1}\left(P_f(\zeta^{k(1+g^{qe})}) + P_f(\zeta^{kg^{e/2}(1+g^{qe})})\right)$$

$$= \sum_{q=0}^{f-1}P_{2f}(\zeta^{k(1+g^{qe})})$$

이 일반적인 공식이 유용하다는 사실은, 이전의 정십칠각형의 연구에서 곱 $\eta_0\eta_1$의 64개의 항을 고통스럽게 계산하였던 누구에게나 분명할 것이다. 지금 막 유도했던 공식을 이용하여, 일일이 자세하게 계산하는 것보다 훨씬 더 빨리 다음의 결과를 얻는다.

$$\eta_0^2 + \eta_1^2 = P_8(\zeta)^2 + P_8(\zeta^3)^2 = \sum_{q=0}^{7}P_{16}(\zeta^{1+3^{2q}}) = 1 \cdot 16 + 7 \cdot (-1) = 9$$

이 때, 합의 한 항이 -1과 다른 것이 나타나는 것은 합기호에서 첨수가 $q = 4$일 때뿐이다. 즉, $P_{16}(1) = 16$이다. 결과적으로, 원하는 식

$$\eta_0 \eta_1 = \frac{1}{2}\left((\eta_0 + \eta_1)^2 - \left(\eta_0^2 + \eta_1^2\right)\right) = \frac{1}{2}(1 - 9) = -4$$

을 얻는다.

일반적으로, 주기들의 완전제곱의 합에 대한 공식은 만약 n이 $n = 2^s + 1$ 꼴의 소수이면, 원분방정식 $x^n - 1 = 0$을 풀기 위한 Gauss의 방법이 항상 일련의 2차 방정식들을 이끌어낸다는 것을 보여준다. 지금까지, Fermat의 소수라 불리는 그런 수는 3, 5, 17, 257과 65537의 다섯 개만 알려져 있다.[6] 결국 n이 그것의 홀수 소수 약수가 모두 Fermat의 소수이고, 그 제곱으로는 나누어떨어지지 않을 때 정n각형이 항상 작도가능임을 보이는 것은 어렵지 않다.[7] 그리고 이것의 역도 성립한다. 따라서 정n각형이 작도가능일 필요충분조건은 n이 2의 거듭제곱 약수를 제외하면 서로 다른 페르마의 소수들의 곱이 되는 것이다. 그러므로 정n각형이 작도가능인 n의 값은 다음과 같다.

2, 3, 4, 5, 6, 8, 10, 12, 15, 16, 17, 20, 24, 30, 32, 34, 40, …

마지막으로 우리는 정257각형과 정65537각형의 작도에 있어서 그 2차 방정식들의 자세한 유도는 컴퓨터를 이용해야 할 만큼 어려운 것이 아님을 알려둔다.[8] 두 경우 모두 원시근으로 3을 이용할 수 있다. 그렇다면 얻어진 2차 방정식들에 근거하여 자세한 작도법을 유도하는 것이 가치 있는 일이 아니라고 볼 수 있겠지만 실제로 19세기에 그런 일이 있었다.[9]

7.3

고대로부터 알려진 정오각형의 작도에 대한 일종의 승인으로서, 우리는 여기서 대수적으로 그 작도를 유도할 것이다. 1의 5차 제곱근

$$\zeta = \cos\left(\frac{2\pi}{5}\right) + i\sin\left(\frac{2\pi}{5}\right)$$

와 함께 시작하여, 다음 두 주기

$$\eta_0 = \zeta^1 + \zeta^5,$$

$$\eta_1 = \zeta^2 + \zeta^3$$

을 만든다.

$\eta_0\eta_1 = -1$, $\eta_0 + \eta_1 = -1$이기 때문에, 2차 방정식

$$y^2 + y - 1 = 0$$

으로부터 이들 두 주기를 얻는다. 이것은

$$\cos\frac{2\pi}{5} = \Re\zeta = \frac{1}{2}\eta_0 = -\frac{1}{4} + \frac{1}{4}\sqrt{5}$$

를 유도하고, 그것으로부터 작도가 바로 이루어진다. 여기서 $\Re z$는 복소수 z의 실수부를 표시한다. 1과 다른 네 개의 1의 5차 제곱근은 다음과 같다.

$$-\frac{1}{4} + \frac{1}{4}\sqrt{5} + i\frac{1}{4}\sqrt{10 + 2\sqrt{5}},$$

$$-\frac{1}{4} - \frac{1}{4}\sqrt{5} + i\frac{1}{4}\sqrt{10 - 2\sqrt{5}},$$

$$-\frac{1}{4} - \frac{1}{4}\sqrt{5} - i\frac{1}{4}\sqrt{10 - 2\sqrt{5}},$$

$$-\frac{1}{4} + \frac{1}{4}\sqrt{5} - i\frac{1}{4}\sqrt{10 + 2\sqrt{5}}$$

고전적 작도문제

근대에까지 풀리지 않은 채 남아있던 고전적 유물인 세 가지 유명한 문제는 자와 컴퍼스만을 사용하는 **원의 정사각형화, 정육면체의 두 배, 각의 삼등분**이다.

원의 정사각형화 문제는 주어진 원과 넓이가 같은 정사각형을 작도하는 것이다. 그 원의 반지름이 1이라는 가정 아래, 그 문제는 길이가 $\sqrt{\pi}$ 인 선분을 작도하는 것과 같다. 길이의 제곱근과 제곱은 항상 작도할 수 있으므로, 이 문제는 길이가 π인 선분을 작도하는 것과 같다. 따라서 그 문제의 대수적 동치는 몇 겹의 포개진 제곱근호, 유리수와 네 가지 기본 연산으로 π를 나타내는 것이다. 수 π가 초월수(transcendental number)라는 것, 즉 유리계수의 어떤 다항식도 만족하지 않는다는 것이 1882년 Ferdinand Lindemann(1852~1939)에 의하여 밝혀졌다. 그러므로 π는 제곱근호로 나타낼 수 없고, 따라서 작도 불가능이다.[10]

정육면체의 두 배, 즉 부피가 단위 정육면체의 두 배가 되는 정육면체의 작도는 길이가 $\sqrt[3]{2}$인 선분을 작도하는 것과 같다. Galois 이론의 방법으로 $\sqrt[3]{2}$는 유리수와 여러 겹의 포개진 제곱근호로 나타낼 수 없다는 것을 비교적 쉽게 증명할 수 있다. 제10장에서 이 주제로 되돌아갈 것이다.

각의 삼등분 문제의 해결도 본질적으로 유사하다. 제2장에서 환원불능의 경우를 다루면서 각의 삼등분과 3차 방정식과의 밀접한 관계를 살펴보았다. 일반적으로, 등식

$$\cos^3 \frac{\psi}{3} - \frac{3}{4}\cos \frac{\psi}{3} - \frac{1}{4}\cos \psi = 0$$

이 성립한다. sine 함수를 이용하여 복소수를 도입하면

$$\left(\cos \frac{\psi}{3} + i \sin \frac{\psi}{3}\right)^3 = \cos \psi + i \sin \psi$$

으로부터 정육면체의 두 배 문제와의 관련성을 더 분명하게 알 수 있다. 일반각의 삼등분 알고리즘이 존재하지 않는다는 것을 증명하려면 하나의 특정한 각의 크기를 작도할 수 없다는 것을 보이면 충분하다. 물론, 360 도의 전체 원뿐만 아니라 직각이나 여러 가지 다른 특수한 각들을 쉽게 삼등분할 수 있다. 그러나 120°의 각은 삼등분할 수 없다. 만약 할 수 있다고 하면 정9각형을 자와 컴퍼스로 작도가능하기 때문이다. 이 주제에 대한 보다 자세한 내용은 제10장에서 볼 수 있다.

7.4

정 n 각형이 작도가능이 아닌 n 의 값에 대하여도, 원분방정식 $x^n - 1 = 0$ 는 여러 가지 많은 흥미로운 대수적 성질을 갖는다. Gauss는 모든 원분방정식은 근호로 풀 수 있다는 것을 스스로 인식하여, 그의 1801년 저술인 산술의 연구(Disquisitiones arithmeticae)에서 많은 다른 결과들과 함께 기술하였다. 이것은 단순히 $x = \sqrt[n]{1}$ 꼴의 한 '근' 만을 의미하는 것은 아니다. 왜냐하면 그런 기호는 여러 가지 대수적 해석이 가능하기 때문이다. 즉, 그 기호는 네 가지 기본 산술연산에 대해서는 아주 다른 해석들을 제시한다. 예를 들어, $\sqrt[4]{1}$ 이라는 표현은 네 개의 복소수 $1, -1, i, -i$ 로 이루어지는데 그 가운데 i 와 $-i$ 는 대수적 성질만을 기초로 구별이 불가능하다. 따라서 1은 복소수의 곱셈에 대한 항등원으로 일의적으로 정의될 수 있고, 한편 -1 은 1의 덧셈에 대한 하나뿐인 역원이다. 반면, i 와 $-i$ 는 방정식 $x^2 + 1 = 0$ 의 두 근으로만 특정할 수 있다. 물론 $\zeta = -\frac{1}{2} + \frac{1}{2}i\sqrt{3}$ 와 같은 꼴의 표현 역시 한 가지 이상의 해석이 있을 수 있다고 주장할 수 있다. i 와 $-i$ 의 경우와 같이 이러한 중복성은 같은 대수적 성질을 갖는 수들에만 관계된다.

이렇게 하여 기호 $\sqrt[n]{a}$ 는 $x^n - a = 0$ 가 기약일 때만 문제없이 사용될 수 있고, 따라서 그 근들은 모두 같은 대수적 성질을 갖는다. 그러므로 한 방정식의 근호에 의한 풀이는 $x^n - a = 0$ 형태의 기약방정식들의 풀이로 가는 단계의 축소로 해석될 수 있다.

원분방정식 $x^7 - 1 = 0$과 $x^9 - 1 = 0$은 De Moivre의 방법에 의해 비교적 쉽게 근호로 풀 수 있다. 일차인수 $(x - 1)$을 소거한 후, $y = x + x^{-1}$로 치환하여 남아있는 지수(3 또는 4)를 반으로 낮출 수 있다. 그러면 3차 방정식이나 4차 방정식에 대한 근의 공식을 사용할 수 있다. 상세히 하면, 각 방정식을 x^3과 x^4으로 각각 나누어 바꾸면

$$x^3 + x^2 + x + 1 + x^{-1} + x^{-2} + x^{-3} = 0$$

와

$$x^4 + x^3 + x^2 + x + 1 + x^{-1} + x^{-2} + x^{-3} + x^{-4} = 0$$

을 얻는다.

$$x^2 + x^{-2} = y^2 - 2,$$
$$x^3 + x^{-3} = y^3 - 3y,$$
$$x^4 + x^{-4} = y^4 - 4(y^2 - 2) = y^4 - 4y^2 + 2$$

로 치환하여 얻어진 3차와 4차의 방정식으로부터 미지수 y를 결정한 후, 방정식

$$x^2 - yx + 1 = 0$$

으로부터 원하는 미지수 x를 얻을 수 있다.

7.5 11차 원분방정식, 즉 $x^{11} - 1 = 0$의 경우에 우리가 지금까지 기술한 과정은 5차 방정식

$$y^5 + y^4 - 4y^3 - 3y^2 + 3y + 1 = 0$$

을 유도한다. 그 다섯 개의 근들은 $j = 1, 2, 3, 4, 5$에 대하여 $y_j = 2\cos\dfrac{2\pi j}{11}$로 주어진다. 따라서 11차 원분방정식이 근호로 풀릴 수 있다는 것은 1771년 Alexandre Théophile Vandermonde (*Mémoire sur la résolution des équations*)에 의하여 Gauss 이전에 발견되었다. Lagrange처럼, Vandermonde는 5차의 일반방정식에 대하여 그 결과를 일반화하기 위하여 4차까지 해법을 연구하기 시작하였다. 이러한 목적으로 그는, 지금은 Lagrange의 이름이 붙여진, 분해(resolvent)를 사용하였다. 비록, Vandermonde가 일반적인 근의 공식을 발견하는데 실패하였지만, 그는 '그 근들 사이에 관계식들이 있는 특수한 경우'에 '그의 방법이 일반적인 근의 공식을 사용하지 않고 주어진 방정식들을 푸는데 쓰일 수 있다'는 것을 인식하였다. Vandermonde가 언급한 근들 사이에 존재하는 방정식들 중엔

$$y_1^2 = y_2 + 2, \qquad y_2^2 = y_4 + 2, \qquad y_3^2 = y_5 + 2, \qquad y_4^2 = y_3 + 2,$$

$$y_5^2 = y_1 + 2, \quad y_1 y_2 = y_1 + y_3, \quad y_1 y_3 = y_2 + y_4, \quad y_2 y_3 = y_1 + y_5$$

들과 같은 주기들에 대한 등식들이 존재한다. 이와 함께 Vandermonde는 상세한 출전의 언급 없이 그 완전한 구조를 확립하였는데, 이 구조에 의하여 그 근들이

$$y_1, \ y_2, \ y_3, \ y_4, \ y_5$$

의 순서로 선별되어 나오는데, 이것은 30년 후에 Gauss가 발견한 modulo 11 원시근으로 2를 사용하는 일반적인 방법에 정확히 대응된다. 이 순서로, 기호

$$\eta_k = P_f\left(\zeta^{2^k}\right) = \zeta^{2^k} + \zeta^{-2^k}$$

를 사용하여

$$\eta_0 = y_1, \ \eta_1 = y_2, \ \eta_2 = y_4, \ \eta_3 = y_3, \ \eta_4 = y_5$$

Vandermonde는 Lagrange 분해의 다섯 제곱을 사실, 1의 5차 제곱근들의

정수배수들의 합의 형태로 결정할 수 있었다. 특히, 1의 5차 제곱근 $\epsilon = \cos\left(\dfrac{2\pi k}{5}\right) + i\sin\left(\dfrac{2\pi k}{5}\right)$, $k = 1,\ 2,\ 3,\ 4$에 대하여 정의된 Lagrange 분해

$$z(\epsilon) = \eta_0 + \epsilon\eta_1 + \epsilon^2\eta_2 + \epsilon^3\eta_3 + \epsilon^4\eta_4$$

에 대하여, 한편으로는 제5장에서 이미 살펴본 것처럼

$$y_1 = \eta_0 = \frac{1}{5}\left(-1 + \sqrt[5]{z(\epsilon)^5} + \sqrt[5]{z(\epsilon^2)^5} + \sqrt[5]{z(\epsilon^3)^5} + \sqrt[5]{z(\epsilon^4)^5}\right)$$

를 얻고, 한편으로는, 복잡한 계산을 필요로 하겠지만

$$z(\epsilon)^5 = 11\left(6\epsilon + 41\epsilon^2 + 16\epsilon^3 + 26\epsilon^4\right)$$

를 얻는다.

마지막 두 방정식으로부터 이미 구한 1의 5차 제곱근에 대한 표현을 이용하여 마침내 두-원소 주기 $y_1 = 2\cos\left(\dfrac{2\pi}{11}\right)$에 대한 제곱근 표현을 얻는다. 이제 남은 일은 ($\eta_0 + \eta_1 + \cdots + \eta_4 = -1$과 함께) Vandermonde가 발견한 주기 등식에 기초하여 $5^5 = 3125$개의 더하기 항들을 선별하고, 모으고, 간단히 하여 완전히 기초적인 방법으로 $z(\epsilon)^5$에 대한 주어진 등식을 유도할 수 있다는 것에 주목하는 것이다. 결과의 실제 값과는 독립적으로, 그런 결과가 1의 5차 제곱근의 유리수 배의 합의 형태로 구해질 수 있다는 것을 비교적 쉽게 알 수 있다. 그리고 이것이 Vandermonde가 기술된 방법으로 근들을 선별한 이유가 될 수 있을 것이다.

무엇보다도, 그 선별은 Vandermonde에 의하여 발견된 모든 주기 등식들이 각 주기 η_k가 η_{k+1}로 바뀌어도 그대로 성립하는 (그들이 순환적으로, 즉 $\eta_5 = \eta_0$, $\eta_6 = \eta_1$ 등과 같이 진행되도록, 주기의 순서가 정해진다는 사실을 설명하는) 효과를 갖는다. 따라서 등식

$$\left(\sum_{j=0}^{4} e^j \eta_j\right)^5 = \sum_{j=0}^{4} \sum_{k=0}^{4} a_{j,k} \epsilon^j \eta_k + \sum_{j=0}^{4} b_j \epsilon^j$$

는 '어떤' 정수 $a_{j,k}$와 b_j와 함께 그 주기 등식들을 간단히 하여 $z(\epsilon)^5$에 대하여 '알기 쉽게' 유도될 수 있는 것으로, 임의의 주기 η_k가 η_{k+1}로 바뀌어도 그대로 성립한다. 즉,

$$\left(\sum_{j=0}^{4} e^j \eta_{j+1}\right)^5 = \sum_{j=0}^{4} \sum_{k=0}^{4} a_{j,k} \epsilon^j \eta_{j+1} + \sum_{j=0}^{4} b_j \epsilon^j$$

만약 주기의 아래첨수들이 그 위로 2, 3과 4씩 올라가면 그와 함께

$$\left(\sum_{j=0}^{4} e^j \eta_j\right)^5 + \cdots + \left(\sum_{j=0}^{4} e^j \eta_{j+4}\right)^5$$

$$= \sum_{j=0}^{4} \sum_{k=0}^{4} a_{j,k} \epsilon^j (\eta_k + \cdots + \eta_{k+4}) + 5 \sum_{j=0}^{4} b_j \epsilon^j$$

$$= \sum_{j=0}^{4} \left(5 b_j - \sum_{j=0}^{4} a_{j,k}\right) \epsilon^j$$

를 얻는다.

여기서 예를 들어

$$\sum_{j=0}^{4} e^j \eta_{j+1} = \epsilon^{-1} \sum_{j=0}^{4} \epsilon^{j+1} \eta_{j+1} = \epsilon^{-1} z(\epsilon)$$

이므로, 마지막 방정식의 왼쪽 편의 각 더하기 항의 다섯 제곱은 $z(\epsilon)^5$과 같다.

따라서 이전의 방정식의 왼쪽 편은 $5z(\epsilon)^5$ 이고, 그 결과로 1의 5차 제곱근의 유리수 배의 합에 대한 Vandermonde의 결과는 이제 명백하다. 즉,

$$z(\epsilon)^5 = \sum_{j=0}^{4} \left(b_j - \frac{1}{5} \sum_{j=0}^{4} a_{j,k}\right) \epsilon^j$$

자세히 들어가지는 않겠지만, $z(\epsilon)^5$의 3125개의 더하기 항의 수치를 구하는 과정에서 구체적인 계산을 크게 단순화할 수 있는 방법이 있다는 것을 주목한다.[11]

비록 우리가 살펴본 것이 원분방정식 $x^{11} - 1 = 0$에 특별히 적용된다고 하더라도, 이러한 생각들이 임의의 소수 차수의 원분방정식에 적용된다는 것을 받아들이기는 어렵지 않다. 그것이 사실인 이유를 Vandermonde의 방정식들에서 발견할 수 있는데, 이들은 주기들 사이의 일반적인 관계를 보여주며, 1의 거듭제곱근

$$\zeta = \cos\left(\frac{2\pi k}{n}\right) + i\sin\left(\frac{2\pi k}{n}\right)$$

을 ζ^g로 바꾸어 주기들이 그들 속에서 치환될 때 이 등식들이 여전히 바뀌지 않고 남아있다는 사실을 보여준다. 여기서 g는 modulo n 원시근을 나타낸다. 이러한 상황은 다음과 같이 특성화할 수 있다. 주기들의 대수적 계산은 그들이 추가적인 방정식들을 만족하기 때문에, 주어진 차수의 일반 방정식의 해법과 비교하여 '더 간단하다'. Lagrange의 일반적 과정과 비교할 때, 이것은 더 간단한 분해의 구성을 가능하게 한다. 그 분해들은 비록 주기들의 치환뿐만 아니라 $\zeta \mapsto \zeta^{g^k}$의 대입으로 생기는 임의의 치환으로도 바뀌지 않고 그대로 남아있다. 여기서 예를 들면 $z(\epsilon)^5$에 대하여 1의 5차 제곱근의 합으로의 표현 가능성을 보이는 데, 이러한 제한된 불변성으로 충분하다.

원분방정식들을 풀고, 그것으로부터 궁극적으로 일반적인 작도과정을 유도하기 위한 특별한 목적을 위해서라면 우리가 지금까지 알아본 것만으로 충분하다. 다만 일반적인 원리는 지금까지 개요를 통해서만 인식할 수 있었지만 어떤 수학적 관점에 의해서 완전히 만족할 수 있을 것이다. 이것은 정확히 Galois 이론이 우리에게 제공하는 것으로, 훨씬 더 일률적인 논법으로 설명되는 추가적인 개념들을 좀 더 전개한 후에 다룰 것이다. 게다가 원분방정식들의 경우에는 주기에 대한 많은 복잡한 합의 표현들이 불필요하게 될 것이다.

1 1의 17차 제곱근을 모두 제곱근으로 나타내어라.

2 곱

$$P_{(n-1)/2}(\zeta) \cdot P_{(n-1)/2}(\zeta^g)$$

의 $n = 17$의 경우에 대한 계산을 $n \geq 3$인 소수의 경우로 일반화하여라. 필수적인 경우의 차이를 어떻게 가장 간단히 특정할 수 있는가?

제7장 각주 모음

1) Gauss의 발견의 연대기는 그의 수학일기 속에 특별히 잘 기록되어 있다. 그 처음은 다음과 같이 시작한다. "원의 분할 문제의 기초를 이루는 원리들과 실제로 그것의 17등분 가능성 등등." C. F. Gauss, *Mathematisches Tagebuch*, 1796-1814, Ostwalds Klassiker Nr. 256, Leipzig, 1976 참조.

2) 이 사실의 증명은 이 책의 맺는말 속에서 찾을 수 있다.

3) 'modulo n'이라는 표현은 일반적으로 문제의 등식을 n으로 나눌 때 나머지에 대하여 성립하는 것을 나타내기 위하여 사용된다. 예를 들어 12가 46과 modulo 17 '같다'거나 수학적 표현으로 12는 46에 modulo 17 '합동'이고, $12 \equiv 46 \bmod 17$로 나타낸다. 두 수는 17로 나누었을 때 나머지가 12로 같기 때문이다. 이것은 $46 - 12$가 17로 나누었을 때 나머지가 영이라는 것과 동치이다.

4) 그런 작도의 명확한 묘사는 Ian Stewart의 Gauss, *Scientific American*, 237, no. 7, 1977, pp. 122-131와 Heinrich Tietze의 *Famous Problems of Mathematics: Solved and Unsolved Mathematical Problems, from Antiquity to Modern Times*, New York, Graylock Press, 1965에서 찾을 수 있다.

5) Henk J. M. Bos, Karin Reich, Algebra: Viète und Descartes, in: Erhard Scholz (ed.), *Geschichte der Algebra*, Mannheim, 1990, pp. 184-234 참조.

6)
$$\left(1 - 2^j + 2^{2j} - 2^{3j} + \cdots \pm 2^{(k-1)j}\right) = \frac{(-1)^{k+1}2^{jk} + 1}{2^j + 1}$$

이므로 $2^{jk} + 1$은 임의의 홀수 k에 대하여 항상 합성수이다. 그러므로 $2^s + 1$ 형태의 수는 지수 s가 2의 거듭제곱일 때만 소수일 수 있다. 하지만 $2^{32} + 1$는 641을 약수로 갖기 때문에 소수가 아니다. $2^s + 1$ 형태의 수에 대한 더 자세한 것은 Paulo Ribenboim의 *The Book of Prime Number Records*, New York, 1988, 2. VI에서 찾을 수 있다.

7) 만약 m과 n이 서로소이면, Euclid 호제법을 써서 계산할 수 있는, 식 $an + bm = 1$을 만족하는 두 정수 a와 b가 존재한다.

$$a \cdot \frac{2\pi}{m} + b \cdot \frac{2\pi}{n} = \frac{2\pi}{mn}$$

이므로, m등분과 n등분이 주어지면 원의 mn등분을 할 수 있다.

8) 1975년 저자가 처음으로 컴퓨터 프로그램을 짜고, 이 경우 ALGOL 60와 같은 컴퓨터 언어를 배우게 된 동기가 257차 원분방정식에 대한 주기 곱들을 계산하는 문제라는 것을 요즈음은 상상하기는 어려울 것이다. 컴퓨터에 대한 직접적인 접근이 없었으므로 프로그램은 종이에 써야 했고, 입력하기 위해 다른 사람에게 주어야 했다. 사실, 첫 실행에서 합 속에 나타나는 주기들의 기대했던 지수들이 올바르게 계산되었다. 이것은 고등학교 졸업장을 위한 구두시험보다 훨씬 흥미로운 일이었다.

9) F. J. Richelot, De resolutione algebraica equationis $x^{257} = 1$, sive de divisione circuli per bisectionam anguli septies repetitam in partes 257 inter se aequales commentatio coronata, *Journal für die Reine und Angewandte Mathematik*, IX (1832), pp. 12-26, 146-161, 209-230, 337-356. Christian Gottlieb, The simple and straight-foward construction of the regular 257-gon, *The Mathematical Intelligencer*, 21/1 (1999), pp. 31-37. Felix Klein (*Vorträge über ausgewählte Fragen der Elementargeometrie*, Leipzig, 1895, p. 13.)에 의하여, Ligen의 Johann Gustav Hermes(1846~1912)가 10년 동안에 걸쳐 정 65537각형의 작도법을 유도하였다고 알려졌다. 1889년 완성되어 Göttingen 대학이 소장하고 있는 200 페이지가 넘는 이 저서의 개관이 J. Hermes에 의하여 Ueber die Teilung des Kreises in 65537 gleiche Teile, *Nachrichen von der Gesellschaft der Wissenschaften zu Göttingen*, Math.-Phys. Klasse, 3 (1894), pp. 170-186에 수록되었다. 그 책의 사진 세 장을 Hans-Wolfgang Henn, *Elementare Geometrie*

und Algebra, Wiesbaden, 2003, pp. 33-34에서 찾을 수 있다.

10) 아주 유익하고, 해설이 잘 되어있는 Jean-Paul Delahaye의 책 *Le fascinant nombre Pi*, Editions Belin, Paris, 1977, Chapter 9에서 상대적으로 기초적인 논의를 찾을 수 있다.

11) Paul Bachmann, *Die Lehre von der Kreistheilung und ihre Beziehungen zur Zahlentheorie*, Leipzig, 1872 (1988년 재인쇄), pp. 75-98을 참조하여라. 일반적으로 연구로서 이 방법은 11차 원분방정식의 특별한 경우에 다음과 같은 곱의 표현을 보여준다.

$$z(\epsilon)^5 = \frac{z(\epsilon)z(\epsilon)}{z(\epsilon^2)} \cdot \frac{z(\epsilon)z(\epsilon^2)}{z(\epsilon^3)} \cdot \frac{z(\epsilon)z(\epsilon^3)}{z(\epsilon^4)} \cdot z(\epsilon)z(\epsilon^4)$$

여기서 네 개의 인수들의 각각은 1의 5차 제곱근의 정수배들의 어떤 합을 나타낸다. 이 때, 분자의 네 개의 곱은 일반적인 경우에 유사하게 계산될 수 있다. 또한 네 개의 인수들의 각각은 1의 5차 제곱근의 정수배들의 어떤 합에 대응된다는 사실을 $z(\epsilon)^5$에 대하여 적용한 것과 같은 방법으로 보여질 수 있다.

제8장

5차 방정식의 해법

5차 방정식 $x^5 = 2625x + 615000$ 를 구하려 한다.

8.1   이 장의 내용은 주로 1977년 저자가 젊은 과학자와 발명가를 위한 Philips 콘테스트에서 강연했던 '근호로 풀 수 있는 특수한 5차 방정식'에 따른다. 위에 제시한 방정식은 고전적인 한 예이다. 1762년 Leonhard Euler 는 방정식의 풀이가능성에 대한 그의 연구로부터 이 방정식이 근호로 풀 수 있는 5차 방정식의 한 종류에 속하는 것을 이미 알고 있었다. 당시의 다른 수학자들과 마찬가지로 Euler는 차수가 5보다 작은 방정식에 대한 방법을 5차 방정식에 확장하려고 시도했다. 그가 쓴 아래의 글 속에 잘 나타나듯이 이러한 시도의 결과로 나타난 산더미같이 많은 식들조차 Euler의 낙관주의 를 꺾을 수는 없었다.

> 이 소거과정에 대한 올바른 접근으로 마침내 4차 방정식에 도달
> 할 것임을 확신을 가지고 추측할 수 있다. 만약 그 결과가 더 높은
> 차수의 방정식이었다면, ··· [근을 표현하기 위해 앞서 사용된 중
> 간단계의 값은] 그 자체로 이 차수의 근들을 포함했을 것이고, 그
> 것을 합리적이지 못한 것으로 여겼을 것이다.

그럼에도 불구하고, Euler는 그의 실제 계산에서 어느 정도 방향을 조절하여야만 했었다.

> 그러나 너무 많은 표현들이 이 작업을 어렵게 하여 어느 정도의 성공도 거둘 수가 없으므로, 그런 복잡한 식이 나오지 않도록 하는 어떤 특별한 경우를 개발하는 것이 필요한 것 같다.[1]

Euler는 그가 사용했던 그 중간단계의 결과를 '계산을 단축하는 값'이라고 하였다. 실제로 Euler는 단지 계산상의 어려움뿐만 아니라 일반적 해법의 근본적 불가능성을 피했다. 그런데도 그는 근호로 풀 수 있는 큰 집단의 5차 방정식들을 찾았다. 이러한 5차 방정식들은 근호로 풀 수 있는 모든 5차 방정식을 모두 포함하지는 않았으므로, 여기서 우리는 또 다른 수학자의 연구를 살펴보기로 한다. 1771년, Lagrange와 Vandermonde의 업적의 출현과 거의 같은 시기에 이탈리아 수학자 Giovanni Francesco Malfatti(1731~1807)는 5차 방정식들에 대한 일반 공식을 찾고 있었다. 그 후 1804년 Ruffin의 불가능성 증명에 대한 첫 시도가 자신의 연구결과를 바탕으로 하여 다듬은 것이라고 비판적으로 평하였던 Malfatti는 6차의 분해방정식에 대한 아주 복잡한 계산을 성공적으로 수행하였지만 원래의 목표인 일반해법에 이르지는 못하였다. 그러나 Malfatti는 6차 분해방정식이 유리수 근을 가지는 특수한 경우에 주어진 5차 방정식이 풀릴 수 있음을 알았다. Malfatti가 (모든 유리계수 5차 기약다항식에 관하여) 근호로 풀 수 있는 모든 5차 방정식을 특성화하였다는 것을 나중에 Galois 이론을 이용하여 알수 있게 되었다.

Malfatti의 계산은 매우 복잡하였고, Euler가 발전시키지 못하였던 지점부터 성공적으로 계속하였던 것은 매우 주목할 만한 일이다.[2] Malfatti의 공략 방법에 대한 아이디어를 알아보기 위하여, 먼저

$$x^5 + 5ax^3 + 5bx^2 + 5cx + d = 0$$

에서 $a = b = 0$인 경우, 즉

$$x^5 + 5cx + d = 0$$

형태의 방정식과 함께 그의 계산을 살펴보자. 또한, $cd \neq 0$라고 가정한다. 이것은 얼핏 보이는 것만큼 일반성을 많이 제한하지는 않는다. 사실, 임의의 5차 방정식은 치환에 의하여 이러한 형태의 방정식으로 변환할 수 있다. 이 치환을 구하기 위하여 다만 4차 이하의 방정식을 풀어야 한다. Tschirnhaus 의 변환과 Bring과 Jerrard의 변환에 대한 절을 살펴보기 바란다.[3)]

Malfatti의 계산은 일반성을 잃지 않고, 모든 해가

$$x_{j+1} = -\left(\epsilon^j m + \epsilon^{2j} p + \epsilon^{3j} q + \epsilon^{4j} n\right),$$

여기서 $j = 0,\ 1,\ 2,\ 3,\ 4$이고 $\epsilon = \cos\left(\dfrac{2\pi}{5}\right) + i\sin\left(\dfrac{2\pi}{5}\right)$인 형태로 표현된다는 가정과 함께 시작한다. 이것은 Bézout와 Euler, Lagrange,[4)] Vandermonde가 사용했던 방법과 정확히 대응된다. 만약 관련된 5개의 일차인수를 함께 곱하면 Euler가 얻었던 것과 같은 다음 방정식을 얻게 된다.

$$
\begin{aligned}
&x^5 - 5(mn+pq)x^3 + 5(m^2q + n^2p + mp^2 + nq^2)x^2 \\
&- 5(m^3p + n^3q + mq^3 + np^3 - m^2n^2 + mnpq - p^2q^2)x \\
&+ m^5 + n^5 + p^5 + q^5 + 5(mn-pq)(mp^2 + nq^2 - m^2q - n^2p) = 0
\end{aligned}
$$

마지막으로, 원래의 방정식과 계수를 비교하여 미지수 $m,\ n,\ p,\ q$를 정한다. 그리고 앞으로 다음과 같은 단축 식을 사용하기로 한다.

$$
\begin{aligned}
y &= pq = -mn, \\
r &= m^2q + n^2p = -(mp^2 + nq^2), \\
v &= m^3p + n^3q, \\
w &= mq^3 + np^3
\end{aligned}
$$

수량 y와 r의 정의와 함께 언급했던 두 등식은 거듭제곱 항 x^3과 x^2에 대한 계수의 비교에 의한 결과를 이미 포함하고 있다. 나머지 두 거듭제곱

항에 대하여 계수를 비교하여 다음과 같은 한 쌍의 방정식을 얻는다.

$$c = -v - w + 3y^2,$$
$$d = m^5 + n^5 + p^5 + q^5 + 20ry$$

마지막에 소개된 등식을 완전히 r, v, w, y에 관하여 역시 공식화할 수 있도록 다음 관계를 이용한다.

$$\begin{aligned}
rv &= (m^2q + n^2p)(m^3p + n^3q) \\
&= pq(m^5 + n^5) + (mn)^2(mp^2 + nq^2) \\
&= (m^5 + n^5)y - ry^2 \\
rw &= -(mp^2 + nq^2)(mq^3 + np^3) \\
&= -mn(p^5 + q^5) - (pq)^2(m^2q + n^2p) \\
&= (p^5 + q^5)y - ry^2
\end{aligned}$$

이것으로부터 새로운 형태의 한 쌍의 방정식

$$c = -v - w + 3y^2,$$
$$dy = r(v + w) + 22ry^2$$

를 얻는다.

네 개의 미지수 r, v, w, y의 계산을 위해, 추가로 다음의 두 등식

$$\begin{aligned}
vw &= (m^3p + n^3q)(mq^3 + np^3) \\
&= pq(m^4q^2 + n^4p^2) + mn(m^2p^4 + n^2q^4) \\
&= pq(m^2q + n^2p)^2 + mn(mp^2 + nq^2)^2 - 4m^2n^2p^2q^2 \\
&= yr^2 + (-y)(-r)^2 - 4y^4 = -4y^4
\end{aligned}$$

와

$$-r^2 = (m^2q + n^2p)(mp^2 + nq^2)$$

$$= pq(m^3q + n^3p) + mn(mq^3 + np^3) = (v - w)y$$

를 고려해야 한다.

위의 두 등식을 연립하여

$$r^4 = (v - w)^2 y^2 = (v + w)^2 y^2 - 4vwy^2 = (v + w)^2 y^2 + 16y^6$$

을 얻는다.

이제, 이 방정식과 이전에 계수를 비교하여 얻었던 그 한 쌍의 방정식을 이용하여, r, v, w, y의 값을 결정할 수 있다. 먼저

$$v + w = 3y^2 - c$$

로 $v + w$를 소거하면 다음 방정식이 남는다.

$$dy = (25y^2 - c)r,$$
$$r^4 = 25y^6 - 6cy^4 + c^2y^2$$

변수 r도 소거하기 위하여 위 두 방정식의 첫 번째 것을 네제곱한 뒤 그 결과에 두 번째 방정식을 대입하여

$$d^4y^4 = (25y^2 - c)^4(25y^4 - 6cy^2 + c^2)y^2$$

을 얻는다.

특수한 경우인 $cd = 0$을 배제하여 나중에 어떤 복잡함을 피하게 된다. 즉, 먼저 $y \neq 0$이다. 그렇지 않으면 m, n, p, q 중에서 적어도 세 개는 0이 되어 $c = 0$이기 때문이다. 게다가 $25y^2 - c \neq 0$이어야 한다. 그렇지 않으면 $y = 0$이기 때문이다.

$y \neq 0$이기 때문에 마지막 방정식에 $25y^{-2}$를 곱할 수 있다. 그리고 $z = 25y^2$을 대입하면 '쌍 세제곱 분해방정식'이라는 6차 방정식

$$(z-c)^4(z^2 - 6cz + 25c^2) = d^4 z$$

을 얻는다.

때로는 동치 형태의 쌍 세제곱 분해방정식

$$(z^3 - 5cz^2 + 15c^2 z + 5c^3)^2 = (d^4 + 256c^5)z$$

를 사용하는 것이 유용함을 알 수 있을 것이다.

물론, 그 일반적인 형태로는 그 쌍 세제곱 분해방정식은 근호로 풀 수 없다. 만약 풀 수 있는 경우라면 변수 z와 함께 시작하여 차례로 y, r, v, w, m, n, p, q를 다음과 같이 계산할 수 있을 것이다.

$$y = \frac{1}{5}\sqrt{z},$$

$$r = \frac{dy}{25y^2 - c},$$

$$v = \frac{3y^3 - cy - r^2}{2y},$$

$$w = \frac{3y^3 - cy + r^2}{2y},$$

$$m,\, n = \sqrt[5]{\frac{v+y^2}{2y}r \pm \sqrt{\left(\frac{v+y^2}{2y}r\right)^2 + y^5}},$$

$$p,\, q = \sqrt[5]{\frac{w+y^2}{2y}r \pm \sqrt{\left(\frac{w+y^2}{2y}r\right)^2 - y^5}}$$

각 방정식은 앞서 유도된 등식으로부터 거의 바로 나오고 마지막 두 개의 경우는 Viéte의 근 정리의 도움으로 나온다. 미지수 y의 부호는 임의로 선택될 수 있는데 이것은 부호를 바꾸면 단순히 순서쌍 $(p,\, q)$와 $(m,\, n)$을 바꾸기 때문이다. 또한 p, q, m, n의 순서는 항상 등식 $v = m^3 p + n^3 q$가 성립하도록 정해짐을 주목한다.

8.2   Malfatti는 그가 얻었던 쌍 세제곱 분해방정식이 특수한 5차 방정식을 근호로 푸는데 이용될 수 있다는 것을 스스로 인식했다. 특히, 이것은 그 쌍 세제곱 분해방정식의 유리수 근들을 찾을 수 있을 때 가능하다. 여기서 계수 $c = -525$와 $d = -61500$와 함께 이 장의 도입글 속의 방정식을 예로 들어 보자.

이 쌍 세제곱 분해방정식은 최고 차의 계수가 1인 정계수 다항식이므로, 모든 유리수 근은 제6장에서 살펴본 것처럼 수 $25c^6$를 나누는 정수여야 한다. 그 쌍 세제곱 분해방정식의 두 번째 표현으로부터 또 하나의 정보를 얻을 수 있다. 즉, $d^4 + 256\,c^5 = 3780900000^2$은 제곱수이므로 임의의 유리수 근은 어떤 정수의 제곱이어야 한다. 마지막으로, 5^6으로 나누어 $\dfrac{z}{5}$도 정계수 방정식의 근이고, 즉 z는 5의 배수라는 것을 보여준다. 가능한 해의 수가 112개 이하로 제한되므로, $z = 5625$를 구할 수 있다. 따라서 $y = 15$, $r = -150$, $v = -150$, $w = 1350$이고, 결국 $j = 1,\ 2,\ 3,\ 4$에 대하여

$$x_{j+1} = \epsilon^j \sqrt[5]{75\,(5 + 4\sqrt{10}\,)} + \epsilon^{2j} \sqrt[5]{225\,(35 - 11\sqrt{10}\,)}$$
$$+ \epsilon^{3j} \sqrt[5]{225\,(35 + 11\sqrt{10}\,)} + \epsilon^{4j} \sqrt[5]{75\,(5 - 4\sqrt{10}\,)}$$

8.3   해법을 구하려는 Malfatti의 시도는 최상의 고전적인 전통의, 즉 적절한 치환과 변환을 이용하여 방정식을 풀이하는, 방법론을 보여준다. 지난 일이지만 관련 중간단계의 값을 근 $x_1, \cdots, x_5$에 대한 다항식들로 나타내 보면 성공이 가능했을 정도로 Malfatti의 시도는 성공적이었다는 것을 알 수 있다. 따라서 두 등식

$$p = -\frac{1}{5}(x_1 + \epsilon^3 x_2 + \epsilon x_3 + \epsilon^4 x_4 + \epsilon^2 x_5)$$

와

$$q = -\frac{1}{5}(x_1 + \epsilon^2 x_2 + \epsilon^4 x_3 + \epsilon x_4 + \epsilon^3 x_5)$$

로부터

$$25y = 25pq = \sum_{j=1}^{5} x_j^2 + (\epsilon^2 + \epsilon^3)(x_1 x_2 + x_2 x_3 + x_3 x_4 + x_4 x_5 + x_5 x_1)$$
$$+ (\epsilon^2 + \epsilon^3)(x_1 x_3 + x_2 x_4 + x_3 x_5 + x_4 x_1 + x_5 x_2)$$

를 얻는다.

여기서 특별한 고려대상인 $a = b = 0$의 경우

$$\sum_{j=1}^{5} x_j = \sum_{1 \le j < k \le 5} x_j x_k = 0$$

이고

$$-\epsilon + \epsilon^2 + \epsilon^3 - \epsilon^4 = -\sqrt{5}$$

이므로 분해방정식 해 z에 대해서 특히 간단한 표현인[5)]

$$z = 25y^2 = \frac{1}{5}(x_1 x_2 + x_2 x_3 + x_3 x_4 + x_4 x_5 + x_5 x_1)^2$$

을 얻는다. 또한, 이 표현과 함께 Vandermonde의 판단으로, 쌍 세제곱 분해 방정식의 유리수 근의 존재성이 근들 사이의 관계로 해석될 수 있다는 것이 분명하다.

Tschirnhaus의 변환과 Brings와 Jerrard의 변환

5차 방정식의 일반적 해법에 대한 최초의 체계적 시도는 1683년 Ehrenfried Walther Tschirnhaus(1651~1708)에 의하여 시작되었다. Tschirnhaus의 아이디어는 두 번째 높은 차 항의 계수를 소거하는 잘 알려진 치환을 일반화하여 다른 계수들도 추가로 소거할 수 있으리라는 희망에 기초하고 있었다.

Tschirnhaus는 치환

$$x = y - \frac{a_{n-1}}{n}$$

을 이용하여 주어진 방정식

$$x^n + a_{n-1}x^{n-1} + a_{n-2}x^{n-2} + \cdots + a_1 x + a_0 = 0$$

을

$$y^n + b_{n-2}x^{n-2} + \cdots + b_1 x + b_0 = 0$$

형태의 한 방정식으로 변환하는 대신에 결정되어야 할 매개변수 p와 q를 갖는

$$y = x^2 + px + q$$

꼴의 치환을 가지고 조사하기 시작하였다. 원래의 방정식의 n개의 근 x_1, $\cdots$, x_n은 $y_j = x_j^2 + px_j + q$를 만족하는 n개의 근 y_1, $\cdots$, y_n으로 변환된다. 여기서 거듭제곱 항 y^{n-1}과 y^{n-2}의 계수들은 두 조건

$$\sum y_j = \sum y_j{}^2 = 0$$

을 만족할 때 모두 정확히 영이 된다. 만약 두 번째 높은 차의 거듭제곱 항의 계수가 이미 0인 간소화된 방정식에서 시작하였다면 매개변수 p와 q에 대하여 만족되어야 하는 다음 두 조건을 얻는다.

$$0 = \sum y_j = \sum (x_j{}^2 + px_j + q) = \sum x_j{}^2 + p\sum x_j + nq$$
$$= \sum x_j{}^2 + nq,$$
$$0 = \sum y_j{}^2 = \sum (x_j{}^2 + px_j + q)^2$$
$$= \sum x_j{}^4 + 2p\sum x_j{}^3 + (p^2 + 2q)\sum x_j{}^2 + nq^2$$

두 조건의 첫 번째로부터 바로 매개변수 q가 유일하게 결정된다. 얻어진 q의 값을 둘째 조건에 대입하면 (3차 항의 계수가 이미 영인 경우를 제외하고) 매개변수 p에 대한 2차 방정식을 얻게 된다. 이렇게 하여 주어진 n차 방정식의 소위 'Tschirnhaus 변환'은 항상 결과의 방정식이 y^{n-1}과 y^{n-2}의 거듭제곱 항의 계수들이 영이 되도록 매개변수화될 수 있다.

Tschirnhaus는 (물론 더 많은 매개변수를 포함하는) 더 높은 차수의 변환을 이용하여 임의의 방정식이 근호로 풀 수 있도록 방정식을 단순화할 수 있을 것으로 믿었다. 비록 Tschirnhaus가 구체적인 계산으로 그의 생각을 증명하지는 못하였지만 그럼에도 불구하고, 5차 방정식

$$x^5 + a_4 x^4 + a_3 x^3 + a_2 x^2 + a_1 x + a_0 = 0$$

의 특별한 경우에

$$y^5 + b_1 y + b_0 = 0$$

형태의 방정식을 얻기 위해

$$y = x^4 + px^3 + qx^2 + rx + s$$

형태의 변환을 사용하는 것은 가능하다. 매개변수들은 3차와 2차 방정식을 풀어 결정될 수 있다. 아쉽게도 그의 성취에 대한 당시 수학계의 적절한 주목이 없었지만, 1786년 스웨덴의 수학자 Erland Samuel Brings(1736~1798)에 의하여 발견되었다. 훨씬 뒤인 1864년 George Birch Jerrard(1804~1798)가 그 변환을 재발견한 후에 Brings의 연구가 다시 되살아났다. 그 변환은 오늘날 일반적으로 Brings-Jerrard 변환이라고 하지만 그 자세한 내용은 너무 복잡하여 실제로 계산을 수행하기는 매우 어렵다.[6]

5차 방정식에 대한 참고문헌

R. Bruce King, *Behind the Quartic Equation*, Boston, 1996.

Samson Breuer,[7] *Über die irreduktiblen Auflösbaren trinomischen Gleichungen fünften Grade.* Borna-Leipzig, 1918.

Siegeru Kobayashi, Hiroski Nakagawa, Resolution of equation, *Math. Japonica*, 5 (1992), pp. 882-886.

Daniel Lazard, Solving quintics in radicals, in: Olav Arnfinn Laudal, Ragni Piene, *The Legacy of Niels Henrik Abel*, Berlin, 2004, pp. 207-225.

Blair K. Spearmann, Kenneth S. Williams, Characterization of solvable quintics $x^5 + ax + b = 0$, *American Mathematical Monthley*, 101 (1994), pp. 986-992.

Blair K. Spearmann, Kenneth S. Williams, On solvable quintics $X^5 + aX + b = 0$ and $X^5 + aX^2 + b = 0$, *Rocky Mountain Journal of Mathematics*, 26 (1996), pp. 753-772.

1   다음 방정식을 풀어라.

$$x^5 + 15x + 12 = 0$$

2   다음 방정식을 풀어라.

$$x^5 + 330x - 4170 = 0$$

1) Von der Auflösung der Gleichungen aller Grade, 재인쇄본, Leonhard Euler, *Drei Abhandlungen über der Auflösung der Gleichungen*, Ostwalds Klassiker Nr. 226, Leipzig, 1928. 이 문제와 그 다음에 나오는 문제는 페이지 45에 나오고, 비문 속의 방정식은 페이지 50에 나온다.

2) J. Pierpont, Zur Geschichte der Gleichung V. Grade (bis 1858), *Monatshefte für Mathematik und Physik*, 6 (1895), pp. 15-68 참조. 해법에 대한 Malfatti의 시도가 페이지 33에서 페이지 36까지 서술되어 있다.

3) 그러나, 구체적인 적용에서 불행하게도 유리계수 방정식들이 같은 형태의 방정식으로 변환되지 않는다.

4) $m = -\left(x_1 + \epsilon^4 x_2 + \epsilon^3 x_3 + \epsilon^2 x_4 + \epsilon x_5\right)/5$ 등이므로, 값 m^5, p^5, q^5, n^5에 대한 Lagrange의 분해들이 여기서 제기된다.

5) Lagrange의 보편적 접근법에 (제5장 참조) 근거한 쌍 세제곱 (6차) 분해식의 유도를 C. Runge, Über die auflösbaren Gleichungen der Form $x^5 + ux + v = 0$, *Acta Mathematica*, 7 (1885), pp. 173-186에서 찾을 수 있다. 또한 Heinrich Weber, *Lehrbuch der Algebra*, volume I, Braunschweig, 1898, pp. 670-676을 참조하여라. 먼저, 약간 다른 표현의 다항식

$$y = \frac{\sqrt{5}}{50}\left(x_1 x_2 + x_2 x_3 + x_3 x_4 + x_4 x_5 + x_5 x_1 - x_1 x_3 - x_2 x_4 - x_3 x_5 - x_4 x_1 - x_5 x_2\right)$$

에 대해 다섯 개의 근 x_1, $\cdots$, x_5의 가능한 120개의 치환들에 의한 움직임을 조사한다. 이 치환들 가운데 열 개는 이 다항식을 바꾸지 않는다. 그러한 모든 치환들은 짝치환(even permutation)들이다. 즉, 그들은 판별식의 제곱근

$$\sqrt{D} = \prod_{i<j}(x_i - x_j)$$

를 바꾸지 않고 남겨두는 총 60개 치환들의 집합에 속한다. 게다가 다항식 y에 작용하여 그 부호를 바꾸는 열 개의 홀치환(odd permutation)들이 있다. 이렇게 하여, 60개의 짝치환들은 다항식 y를 여섯 개의 다른 다항식들 $y_1 = y$, y_2, $\cdots$, y_6로 변환하고, 나머지 60개의 홀치환들은 y를 또 다른 여섯 개의 다항식들인 $y_7 = -y_1$, $\cdots$, $y_{12} = -y_6$로 변환한다. 따라서 처음 여섯 개의 다항식들은 다음 6차 방정식의 근이다.

$$y^6 + \lambda_5 y^5 + \cdots + \lambda_1 y + \lambda_0 = 0$$

여기서 계수 λ_0, $\cdots$, λ_5는 다항식 y_1, $\cdots$, y_6에 관한 기본 대칭다항식들로부터 나온다. 이 계수들을 주어진 다항식 $x^5 + 5cx + d = 0$의 계수 c와 d에 관해 얻기 위하여 다항식 y_1, $\cdots$, y_6을 근 x_1, $\cdots$, x_5에 관해 표현한다. 그러나 결과의 다항식들은 단지 '거의' 대칭이다. 즉, (변수 y_1, $\cdots$, y_6에 대하여) 짝수차수의 그 다항식들은 대칭이지만, 홀수차수의 다항식들은 홀치환들에 의해 부호가 바뀌고 짝치환들에 의해서는 바뀌지 않는다. 대칭다항식들에 대한 기본정리를 이용하고, 변수 x_1, $\cdots$, x_5에 관한 다항식으로서 c, d, $\sqrt{D}$, λ_0, $\cdots$, λ_5의 차수들(즉, 4, 5, 10과 λ_j에 대하여 $12 - 2j$)을 고려하여

$$y^6 + \lambda_4 c y^4 + \mu_2 c^2 y^2 + \mu_0 c^3 = \mu_1 \sqrt{D}\, y$$

를 만족하는 유리수 μ_0, μ_1, μ_2, λ_4들이 존재하여야 한다. 그 상수들을 결정한 후 얻어진 방정식을 제곱하여 최종적으로 본문에서와 다른 방법으로 유도된 쌍 세제곱 분해식의 형태를 얻는다. 여기서 판별식 D가 특별한 방정식들을 이용하여 구할 수 있는 두 상수 α와 β를 갖는 $\alpha c^5 + \beta d^4$ 꼴의 20차 대칭다항식으로 표현될 수 있다는 관찰로부터 $\sqrt{D}$를 결정하여, 마침내 $D = 5^5(256c^5 + d^4)$를 얻는다.

6) Bring-Jerrard 변환에 대한 설명을 J. Pierpont, Zur Geschichte der Gleichung V. Grade (bis 1858), *Monatshefte für Mathematik und Physik*, 6 (1895), pp. 18-19에서 찾을 수 있다.

7) 여기서 1933년 Samson Breuer (1891~1978)의 추방을 상기해보면, 인종적·정치적 박해의 희생자들의 슬픈 운명에 대하여 공감할 수 있을 것이다. Reinhard Siegmund Schultze, *Mathematiker auf der Flucht von Hitler*, Braunschweig, 1998, pp. 109, 292 참조.

제9장

방정식의 Galois 군

5차 또는 그 이상의 고차 방정식을 근호로 풀 수 있는지 어떻게 말할 수 있는가?

9.1 이렇게 형식화된 문제는 이전의 결과에 대한 자연스런 연장이다: 일반적인 방정식에 대한 해법이 없다면, 어떤 특별한 형태의 방정식들을 근호에 의하여 풀 수 있는가? 이 문제는 1832년에 20살의 프랑스 수학자 Évariste Galois에 의해서 그가 결투로 인해 죽기 바로 직전에 풀렸다.[1]

Napoleon 이후의 왕정복고시대에 자란 Galois는 처음에 파리의 College Louis-le-Grand에서, 그 후 Ecole Preparatoire에서, 나중에는 Ecole Normale에서 그 당시로는 좋은 교육을 받았음에도 불구하고, 순전히 독학으로 근호에 의한 방정식의 해법을 연구했던 것 같다. 하지만, 그는 Ecole Polytechnique의 입학시험에 두 번 낙방했고, Ecole Preparatoire에도 처음에는 1831년 초에 공화주의 운동을 이유로 입학을 거절당했다. 그는 공화주의 수비대(Republican Guard)의 대원으로 활동하여 몇 달간 투옥된 적도 있었다.

그의 생각을 발표하려는 Galois의 시도는 훨씬 나중에야 올바른 것으로 확인되었지만, 준비한 원고가 너무 부실하다고 판단한 심사위원들의 이해부족 때문에 실패했다. Galois의 죽음 이후 14년이 지나서야 Joseph Liouville

(1809~1882)의 추천으로 그 중대한 발표가 처음 이루어졌다.

Galois의 생각은 이전 장의 내용과 어느 정도 일치하는, 그 당시 통용되는 수준의 지식과 함께 시작한다. 그 점에서부터, 보통의 경우에 비하여 방정식의 복잡성을 줄이는, 근들 사이의 다항 등식에 근거한 관계들이 어느 정도 생기는가 하는 의문이 아마도 그가 흥미를 가지게 된 계기가 되었을 것이다. 그래서 제7장에서 Gauss와 Vandermonde가 그런 관련성을 이용하여 어떻게 원분방정식을 풀었는지를 살펴보았다. 그리고 이 책에서 상대적으로 간단히 그의 업적이 기술된 Lagrange 역시 특별한 방정식 뿐만 아니라 일반방정식에 대해서도 근들 사이의 다항식 표현을 조사하였다.

Galois의 핵심적인 생각은 당시에는 전혀 선례가 없었으나 나중에 수학의 다른 문제들에 대한 응용에 매우 유익하다는 것이 입증된 것으로, 매우 간단한 특징적인 대상을 연구하여 당시의 통상적 연구수준을 넘어섰다.[2] 명확하게 Galois는 각 방정식에 대하여 어떤 수학적 대상을 관련지어 생각하였는데, 이 대상은 일반적으로는 군(group)이라 불리고, 방정식에 대해서는 Galois를 기념하여 Galois 군이라 불리는 것이다. 이 Galois 군은 제5장에서 기술한 치환의 합성을 연산으로 갖는 근들의 어떤 치환들의 부분집합으로 이루어진다. 이 관련성의 유용함은 풀이가능성의 관점에서 방정식의 분류를 제공하는 방식으로 Galois 군을 분류하는 것이 가능하다는 것에 있다. 특히

- 기약성, 근호에 의한 풀이가능성, 그리고 풀이가능성의 경우 요구되는 거듭제곱근 연산들의 차수와 같은 주어진 방정식의 모든 중요한 성질들은 방정식 자체의 언급 없이 그 Galois group의 성질로부터 결정될 수 있다.

- 더구나, 서로 다른 Galois 군들의 수는 가능한 방정식들의 개수보다 훨씬 더 작다. 그러므로 낮은 차수의 방정식과 관련된 모든 Galois 군들에 대한 완전한 이해를 얻을 수 있다.

9.2   이 책의 머리말에서 언급한 대로, 우리는 '현대적 관점', 즉 20세기 초에 발전된 Galios 이론에 대해 관심을 갖고 있다.[3] 그러나 먼저, 이제까지 개발한 용어를 사용하는 '기초적인' 방법으로 이 Galois 군을 정의할 것이다. 상세하게 들어가지 않겠지만, 대략적인 윤곽에 있어서 Galois의 방법을 따를 것이다.[4] 게다가, 어떤 완전한 증명도 제공하지 않을 예정이다. 그렇게 하는 것은 지금까지 일차적인 동기부여의 성격의 전개를 의미 없이 만들 것이다. 대신, 우리는 어떤 구체적인 예들을 제공하도록 할 것이며, 이 장에서 서술한 것에 대한 빈틈을 다음 장에서 채우도록 할 것이다.

Abel과 그 이전에 Ruffini는 특정한 차수의 방정식의 일반해법에 대한 조건의 분석에서 거듭제곱근 연산에 집중하여 근의 공식 내에서 가장 두드러진 곳을 분명히 알 수 있게 다루었다. Galois는 일반방정식에 대해 고안된 이 수단이 특별한 방정식의 해법과 그 근들의 바람직한 표현에 어떻게 적용될 수 있는가를 인식하였다. 이러한 목적으로, 이미 알려진 양에 관하여 사칙연산으로 나타낼 수 있는 양을 **알려진 것**(known)이라 불렀다. 방정식의 계수들을 알려진 것으로 생각하면서 시작하는데, 일반방정식의 경우와 유사하게 계수들이 기본 대칭다항식에 대응한다. 알려진 양들의 모임에 어떤 값들, 특히 꼭 그것만이 아닐 수도 있지만, 알려진 양들의 거듭제곱근들을 첨가하여 확장할 수 있다. Galois는 알려진 양들의 모임에 첨가하는 이러한 양들을 **첨가된 양**(adjoined quantities)으로, 그 과정 자체를 **첨가**(adjunction)라고 불렀다. Galios의 알려진 양들의 개념은 오늘날 **체**(field)로 불리는 수들의 집합으로 이끄는데, 이 개념에 대하여 다음 장에서 더 많은 것을 이야기 할 것이다. 하지만 우리가 이 개념을 사용하기로 하였으므로, 다음과 같이 정의한다.

정의 9.1   사칙연산에 대하여 닫힌 복소수의 집합을 **체**(field)라고 한다. 즉, 체의 임의의 (꼭 다를 필요는 없는) 두 원소의 합, 차, 곱, (영으로 나누는 것을 제외한) 몫은 역시 그 체에 속한다.[5]

한 유리계수 방정식으로부터 나오는 알려진 양의 가장 작은 모임은, $\mathbb{Q}$로 나타내는, 유리수들의 체이다. 그리고 한 방정식의 근들을 체 위에 쌓아올리는 것은 알려진 양들의 체의 단계적인 확장을 나타낸다. 예를 들어

$$x^2 - 3x - 4 = 0$$

의 한 근

$$x_1 = \sqrt[3]{2 + \sqrt{3}} + \sqrt[3]{2 - \sqrt{3}}$$

에 대하여 먼저 유리수 전체에 $\sqrt{3}$을 첨가한다. 이렇게 유리수 전체에 $\sqrt{3}$의 첨가로부터 생긴 알려진 양의 모임으로, 집합

$$\mathbb{Q}(\sqrt{3}) = \{a + b\sqrt{3} \mid a,\ b \in \mathbb{Q}\}$$

을 얻는데, 이것은 사칙연산에 대하여 닫혀있음을 쉽게 보일 수 있으므로 사실 $\mathbb{Q}(\sqrt{3})$은 체이다. 이러한 체를 $\mathbb{Q}$에 $\sqrt{3}$을 첨가하여 얻은 유리수 전체의 **확장체**(extension field)라고 한다.

이제

$$\sqrt[3]{2 - \sqrt{3}} = \frac{1}{\sqrt[3]{2 + \sqrt{3}}}$$

은 역시 알려진 양이므로, 근 x_1을 얻기 위해서 두 번째 단계로 $\sqrt[3]{2 + \sqrt{3}}$을 첨가하기만 하면 된다. 그 결과는

$$\mathbb{Q}(\sqrt{3},\ \sqrt[3]{2 + \sqrt{3}})$$

으로 나타내는 확장체이다.[6]

9.3 우리는 방정식, 즉 복소수 계수 $a_{n-1}, \cdots, a_1, a_0$를 갖고 중근을 갖지 않는 n차 방정식

$$x^n + a_{n-1}x^{n-1} + a_{n-2}x^{n-2} + \cdots + a_1 x + a_0 = 0$$

을 생각함으로써, 알려진 양들에 관한 용어에 바탕을 두어 Galois 군의 중심개념의 정의에 접근할 수 있다. 즉, n개의 근은 모두 다른 것으로 가정한다.[7] 그 방정식의 풀이과정은 이것이 가능할 때까지 각 중간 단계에 계수 $a_{n-1}, \cdots, a_1, a_0$을 포함하는 '알려진 양들'의 어떤 체 K를 관련지어 분석할 수 있다.

이 장의 처음에서, 일반적인 경우보다 근 $x_1, \cdots, x_n$ 사이의 다항식 관계가 있을 때 방정식을 더 간단히 표현할 수 있다는 것에 주목하였다. 임의의 그런 관계는 변수 $x_1, \cdots, x_n$에 대하여 그 값이 영인 어떤 다항식에 대응한다. 따라서 예를 들어, 다항식 관계

$$x_1^2 = x_2 + 2$$

는 다항식

$$h(X_1, \cdots, X_n) = X_1^2 - X_2 - 2$$

에 대응한다. 여기서 지금부터 근은 소문자로, 다항식의 변수는 대문자로 나타내기로 한다. 관련된 임의의 체 K에 대하여, $x_1, \cdots, x_n$에 대한 값이 영이고 계수가 K에 속하는 다항식들의 전체 집합을 B_K로 나타낸다.

물론 B_K의 다항식 전체는 자세히 열거하기에 너무 크다. 완전한 취급이 쉬운 일도 아니다. Galois는 스스로 그의 목적을 위해 특별히 고안하였던 꼭 한 개의 다항식을 사용하는 길을 택하였다. 그는 오늘날 Galois 분해 (resolvent)라고 하는 특수한 양을 사용하여 이 다항식을 만들었다. 여기서 모든 근 $x_1, \cdots, x_n$을 이 특수한 양에 관하여 기본 사칙연산을 써서 나타낼 수 있다. (이 장의 끝에 있는) Galois 군의 계산에 대한 절에서, 자세지지는 않지만 아주 구체적인 접근으로 이것에 대하여 살펴보려 한다. 여기서는 근들을 구체적으로 계산하지 않더라도 Galois 분해를 충분히 특정할 수 있다

는 것을 주목하는 것만으로 충분할 것이다.

물론, 정의된 집합 B_K에 당연히 속하는 다항식들이 항상 있다. 그런 예들은 대부분 대칭 다항식들 중에서 쉽게 찾을 수 있다. 앞에서 나왔던 예

$$x^3 - 3x - 4 = 0$$

에 대하여 세 개의 다항식

$$X_1 + X_2 + X_3, \quad X_1 X_2 X_3 - 4, \quad X_1{}^2 + X_2{}^2 + X_3{}^2 - 6$$

은 집합 $B_{\mathbb{Q}}$에 속한다.

그러나 실제로 관심이 있는 것은 비대칭 다항식들인데, 그들만이 주어진 방정식의 복잡성을 감소시킬 여지가 있는 관계를 반영하기 때문이다.

Vandermonde의 방정식~(제7장 참조)

$$x^5 + x^4 - 4x^3 - 3x^2 + 3x + 1 = 0$$

에 대하여 근 $x_{j+1} = 2\cos\left(\dfrac{2\pi\, 2^j}{11}\right)$, $j = 0,\ 1,\ 2,\ 3,\ 4$이고, $B_{\mathbb{Q}}$에 속하는 다항식

$$X_1{}^2 - X_2 - 2,\ X_2{}^2 - X_3 - 2,\ X_3{}^2 - X_4 - 2,\ \cdots$$
$$X_1 X_2 - X_1 - X_4,\ X_2 X_3 - X_2 - X_5,\ \cdots$$

가 있다.

9.4 다항식의 집합인 B_K는 추상적이고 쉽게 이해하기 어려운 것이지만, 근들 사이의 특별히 많은 관계를 갖는 덜 복잡한 방정식에 대해서 그 집합이 크다는 것은 처음부터 명확한 것임에 틀림없다. 따라서 집합 B_K는 해당 방정식의 복잡성에 대한 일종의 척도이다. 이 복잡성의 정말 간단한

특성화는, 정의로부터 B_K의 임의의 다항식을 그 집합의 또 다른 다항식으로 변환하는 n 변수 $X_1, \cdots, X_n$의 모든 치환을 포함하는, Galois 군의 도움으로 얻을 수 있다. 이것은 다음 정의를 이끈다.

정의 9.2 계수가 체 K에 속하고 중근을 갖지 않는 다항식에 대하여, (체 K 위의) Galois 군은 근 $x_1, \cdots, x_n$의 번호 $1, \cdots, n$을

$$h(x_1, \cdots, x_n) = 0$$

을 만족하고 K에 속하는 계수를 갖는 임의의 다항식 $h(X_1, \cdots, X_n)$에 대하여

$$h(x_{\sigma(1)}, \cdots, x_{\sigma(n)}) = 0$$

을 만족하는 방법으로 순서를 바꾸는 대칭군 S_n에 속하는 모든 치환 σ의 집합이다.

자명한 것을 제외한, 즉 대칭다항식에 기초하지 않는, 관계가 없는 경우에 Galois 군은 $n!$개 치환 모두로 이루어지며, 실제로 집합 B_K의 임의의 다항식은 모든 치환들에 의하여 바뀌지 않는다. 대조적으로, Vandermonde에 의하여 처음으로 풀린, 앞서 주어진 예의 5차 방정식은 급격히 줄어진 5개의 치환들만의 집합에 이르게 한다. 이 경우에 $B_\mathbb{Q}$의 다항식들은 그 치환들에 의하여, 근에서의 값이 0이라는 것만 바뀌지 않고, 개별적으로 바뀐다. 예를 들어, 순환치환

$$X_1 \to X_2 \to X_3 \to X_4 \to X_5 \to X_1$$

은 다항식 $X_1{}^2 - X_2 - 2$를 여전히 $B_\mathbb{Q}$의 다항식인 $X_2{}^2 - X_3 - 2$로 바꾼다. 한편, 단순히 번호 1과 2를 서로 바꾸는 것은 Galois 군의 원소에 이르지 못하는데 이것은 $X_1{}^2 - X_2 - 2$에 대한 해당 치환의 결과를 조사하여 쉽게 알 수 있다. 사실, $x_2{}^2 - x_1 - 2 = x_3 - x_1 \neq 0$이므로 결과의 다항식 $X_2{}^2 -$

$X_1 - 2$는 $B_\mathbb{Q}$에 속하지 않는다.

또 다른 예는, 앞으로 계속 보게 될 쌍 2차 방정식

$$x^4 - 4x^3 - 4x^2 + 8x - 2 = 0$$

이다. 상세히 들어가지는 않고, 먼저 네 근들이 등식

$$x_1 x_3 + x_2 x_4 = 0$$

을 만족하는 것을 주목한다. 여기서 근의 순서는 Galois 군의 계산에 대한 절에서 설명된다. 제3장에서 설명한 해법의 관점에 따라 그런 등식은 3차 분해다항식이 유리수 근을 갖는 경우에만 존재한다는 것을 염두에 두어야 한다.

$x_1 x_4 + x_2 x_3 \neq 0$이고, $x_1 x_2 + x_3 x_4 \neq 0$이므로,~(역자 보충설명: 5.3절 참조; 3차 분해 $y^3 + 4y^2 - 24y$는 영점 0을 갖고 나머지 두 영점들은 0이 아니다.) $X_1 X_3 + X_2 X_4$를 보존하는 그런 원소들만 Galois 군에 속한다. 그 결과로 숫자 1, 2, 3, 4의 치환 스물네 개($= 4!$) 가운데 열여섯 개는 이 Galois 군의 구성원의 후보에서 제외된다. 남은 여덟 개의 치환들은 실제로 근들의 임의의 관계를 '반영하고', 따라서 Galois 군에 속한다는 것을 위에서 말한 절에서 알 수 있다. 그 절에서 임의의 치환이 Galois 군의 원소인지 아닌지를 $B_\mathbb{Q}$에 속하는 '꼭 한 개의' 다항식, 즉

$$(-X_2 + X_3 - 2X_4)^8 + 16(-X_2 + X_3 - 2X_4)^7 - \cdots$$
$$- 253184(-X_2 + X_3 - 2X_4) + 72256$$

을 이용하여 어떻게 조사할 수 있는지를 보일 것이다. 여기서 우리는 Galois 군에 속하는 치환들의 구체적인 계산을 함께 즐겨보자. 다음 표는 여덟 개의 치환들이 각각 어떻게 번호 1, 2, 3, 4의 순서를 바꾸는지 보여준다. 여기서 σ_0로 나타내는 첫 치환은 항등함수, 즉 임의의 번호를 바꾸지 않고 남겨 두는 치환이다.

	1	2	3	4
σ_0	1	2	3	4
σ_1	3	2	1	4
σ_2	1	4	3	2
σ_3	3	4	1	2
σ_4	2	1	4	3
σ_5	4	1	2	3
σ_6	2	3	4	1
σ_7	4	3	2	1

이미 말했던 것처럼, 원래의 방정식을 언급하지 않고 Galois 군만으로 그 방정식이 풀이가능인지, 또 그 근에 나타나는 근호들의 차수가 얼마인지 결정될 수 있다. 그런 판정을 위해서 문제가 되는 것은 Galois 군의 크기뿐만이 아니다. 그 치환들 자체도 중요한 역할을 하는데, 여기서 중요한 것은 그 Galois 군에 속하는 치환들 사이에서 존재하는 관계, 즉 제5장에서 논의된 치환의 합성의 의미에서의 관계이다. 특히, Galois 군에 속하는 치환 σ와 τ를 연속적으로 실행하면 그 결과는 또 하나의 치환이 된다. 이 새로운 치환은 $\tau \circ \sigma$로 나타내고 σ와 τ와 같이 B_K의 모든 다항식들을 B_K의 다항식들로 바꾸는 성질을 갖고, 따라서 그 자체로 Galois 군의 원소가 된다.

9.5

세세하게 드러내서 보여주기 때문에 특별히 우아하지는 않지만, Galois 군의 원소들 사이에 관계를 기록하기 위해 적절한 보편적 수단은 군 연산표이다. 이미 언급하였던 4차 방정식과 관련하여 이것이 어떻게 작성되는지 살펴보자. 치환의 합성에 대한 예로서 그 Galois 군으로부터 치환 σ_1과 σ_6을 택하자. 치환 σ_1은 근 번호 1을 번호 $\sigma_1(1) = 3$으로 바꾼다. 번호 3은 두 번째 치환 σ_6에 의하여 $\sigma_6(3) = 4$로 바뀌므로 최종결과는 번호 1의 $\sigma_6(\sigma_1(1)) = 4$로의 이동이다. 남은 세 번호에 대하여 유사한 연산을 하여 다음 결과를 얻는다.

	1	2	3	4
먼저 σ_1 ...	3	2	1	4
... 다음에 σ_6	4	3	2	1

그 Galois 군의 여덟 개 치환들의 표를 살펴보면 $\sigma_6 \circ \sigma_1 = \sigma_7$임을 알 수 있다. 군 연산표는 두 치환들의 그런 조합들 전체로 이루어진, 일종의 정돈된 곱셈표이다. 표 속에 들어가는 각 성분은 먼저 위쪽 행으로부터의 치환을, 다음에 왼쪽 열의 치환을 적용한 결과이다.

	σ_0	σ_1	σ_2	σ_3	σ_4	σ_5	σ_6	σ_7
σ_0	σ_0	σ_1	σ_2	σ_3	σ_4	σ_5	σ_6	σ_7
σ_1	σ_1	σ_0	σ_3	σ_2	σ_6	σ_7	σ_4	σ_5
σ_2	σ_2	σ_3	σ_0	σ_1	σ_5	σ_4	σ_7	σ_6
σ_3	σ_3	σ_2	σ_1	σ_0	σ_7	σ_6	σ_5	σ_4
σ_4	σ_4	σ_5	σ_6	σ_7	σ_0	σ_1	σ_2	σ_3
σ_5	σ_5	σ_4	σ_7	σ_6	σ_2	σ_3	σ_0	σ_1
σ_6	σ_6	σ_7	σ_4	σ_5	σ_1	σ_0	σ_3	σ_2
σ_7	σ_7	σ_6	σ_5	σ_4	σ_3	σ_2	σ_1	σ_0

치환들 사이의 모든 관계는 이 군 연산표로부터 읽어낼 수 있다. 근과 근의 번호들이 그 치환들에 의하여 어떻게 바뀌는지 더 이상 알 수 없다. 하지만 군 연산표만으로, 문제의 방정식이 근호에 의하여 풀이가능인지와 근을 나타낼 때 필요한 근호들의 차수를 말할 수 있으며, 이는 중요한 문제이기 때문에 다시 이야기할 것이다.

문제의 방정식의 해법의 과정을 단계별로 쪼개면 각 단계는 하나의 수를 첨가하는 과정에 대응하므로 이 첨가과정이 어떻게 Galois 군을 바꾸게 되는가하는 것을 파악함으로써, Galois 군이 그런 정보를 포함하는지에 대한 이유를 그럴듯하게 말할 수 있다. 즉, '알려진 양'의 체 K로부터 가능한 계수들의 집합을 더 큰 체 E로 확장하여, Galois 군의 정의에서 사용되었던

'관계 다항식'들의 집합인 B_K가 분명히 집합 B_E로 확장된다. 그러면 그 치환들에 대한 더 엄격한 요건이 Galois 군에 속하는 치환들의 집합에 대한 제한을 이끌어내게 될 것이다. 이렇게 하여, Galois 군 크기의 축소가능성은 첨가된 값의 성질과 긴밀하게 엮여있다는 것을 알 수 있다. 보다 구체적으로 설명하자면, 어떤 조건하에서, 이미 알려진 양의 m차 제곱근인 한 값의 첨가과정은 Galois 군에 속하는 치환의 개수를 m분의 1로 줄이는 효과를 갖는다.

9.6

이제, 주어진 방정식을 풀이하는 각각의 단계가 대응하는 Galois 군의 축소에 어떻게 반영되는지 자세히 알아보기로 하자. 우리는 4차 방정식의 표준 예를 사용한다. 그 근들은 3차 분해방정식이 유리수 근을 가지므로 단지 제곱근호만으로 다음과 같이 나타낼 수 있다.

$$x_{1,3} = 1 + \sqrt{2} \pm \sqrt{3 + \sqrt{2}}$$
$$x_{2,4} = 1 - \sqrt{2} \pm \sqrt{3 - \sqrt{2}}$$

맨 먼저 알려진 양들(그 방정식의 주어진 유리계수들)의 집합으로서 유리수체로부터 시작하여, 처음으로 추가되는 알려진 양으로서 수 $\sqrt{2}$를 첨가한다. 풀이과정에서 그 다음의 두 첨가과정에 대하여, 각각의 경우에 알려진 양의 제곱근이 개입한 수 $\sqrt{3 + \sqrt{2}}$와 $\sqrt{3 - \sqrt{2}}$가 등장한다.

이 세 가지 양의 첨가과정에 의하여 어떻게 Galois 군이 줄어들게 되는지 살펴보기로 하자. 바탕체 $K = \mathbb{Q}$에 첫 $\sqrt{2}$를 첨가하면, $x_1 - x_2 + x_3 - x_4 = 4\sqrt{2}$이므로 무엇보다도 다항식

$$X_1 - X_2 + X_3 - X_4 - 4\sqrt{2}$$

가 집합 $B_{\mathbb{Q}(\sqrt{2})}$에 속하는 결과를 가져온다. 네 개의 치환 $\sigma = \sigma_4$, σ_5, σ_6, σ_7은 조건

$$x_{\sigma(1)} - x_{\sigma(2)} + x_{\sigma(3)} - x_{\sigma(4)} = -4\sqrt{2}$$

를 만족하므로, 체 $K = \mathbb{Q}$ 를 $E = \mathbb{Q}(\sqrt{2})$로 확장한 후 더 이상 Galois 군에 속하지 않는다. 역으로, 치환 σ_0, σ_1, σ_2, σ_3이 실제로 Galois 군에 속하는 것을 원래의 체 $K = \mathbb{Q}$에 대해서와 마찬가지로, Galois의 방법을 써서 보일 수 있다. 따라서 $\sqrt{2}$를 첨가하여 '알려진 양'의 집합을 확장하는 것은 Galois 군의 크기를 반으로 줄여준다.

두 번째 중간 값 $\sqrt{3 + \sqrt{2}}$을 연이어 첨가하여, 근들 사이의 다항식 관계를 반영하는 다항식들의 집합이 커진다. 예를 들어 등식 $x_1 - x_3 = 2\sqrt{3 + \sqrt{2}}$이 성립하므로, $X_1 - X_3 - 2\sqrt{3 + \sqrt{2}}$를 포함한다. 두 치환 $\sigma = \sigma_1$, σ_3에 대하여

$$x_{\sigma(1)} - x_{\sigma(3)} = -2\sqrt{3 + \sqrt{2}}$$

가 성립하므로 이들 치환은 체 $\mathbb{Q}(\sqrt{2})$에 $\sqrt{3 + \sqrt{2}}$를 첨가한 후 Galois 군에서 제외된다. 역으로, 치환 σ_0, σ_2가 실제로 Galois 군에 속하는 것을 보일 수 있다.

마지막으로 $\sqrt{3 - \sqrt{2}}$를 첨가하면 네 개의 근 x_1, x_2, x_3, x_4 모두는 유리수들과 첨가된 수들의 사칙연산으로 나타낼 수 있다. 얻어진 확장체에 대한 Galois 군의 정의에 의하여, 네 개의 다항식 $X_i - x_i$, $i = 1, 2, 3, 4$를 살펴볼 필요가 있다. 결과는 Galois 군이 반드시 항등치환 σ_0만을 포함한다는 것이다.

그림 9.1에서, 세 개의 첨가과정과 Galois 군에 대한 그들의 영향을 설명한다. 여기서 기호 $K(a, b, \cdots)$는 체 K에 수 a, b, $\cdots$를 첨가하여 만든 확장체를 나타낸다. 즉, 그 체는 체 K의 수들과 함께 수 a, b, $\cdots$들의 사칙연산을 사용하여 얻을 수 있는 수 전체로 정의된다.

그 방정식의 풀이단계	현 상태의 체 '알려진 양'	그 방정식의 Galois 군
$\sqrt{3-\sqrt{2}}$	$\mathbb{Q}(\sqrt{2},\ \sqrt{3+\sqrt{2}},\ \sqrt{3-\sqrt{2}})$	σ_0
↑ 제곱근		
$\sqrt{3+\sqrt{2}}$	$\mathbb{Q}(\sqrt{2},\ \sqrt{3+\sqrt{2}})$	$\sigma_0,\ \sigma_2$
↑ 제곱근		
$\sqrt{2}$	$\mathbb{Q}(\sqrt{2})$	$\sigma_0,\ \sigma_1,\ \sigma_2,\ \sigma_3$
↑ 제곱근		
방정식의 계수들	$\mathbb{Q}$	$\sigma_0,\ \sigma_1,\ \sigma_2,\ \sigma_3,\ \sigma_4,\ \sigma_5,\ \sigma_6,\ \sigma_7$

그림 9.1 '알려진 양'의 집합의 단계적 확장 과정에 의한 방정식 $x^4-4x^3-4x^2+8x-2=0$의 풀이와 관련하여 확장체가 Galois 군을 축소시키는 모습.

이전에 알려진 양의 제곱근을 첨가하여 알려진 양들의 집합을 단계적으로 확장하는 것은 Galois 군의 크기를 2분의 1로 줄이는 것 이상이라는 점에 주목한다. 이들 첨가과정의 하나하나는 군 연산표를 적절히 배열하여 같은 모양의 네 개의 부분으로 나누는 어떤 분해를 나타낸다. 여기서 네 개의 부분은 각각 Galois 군의 반쪽과 나머지 반쪽을 포함한다. 예를 들어 첫 첨가과정으로부터 다음 분해를 얻는다. 여기서 좌상단의 정사각형 속에 추가 분해를 볼 수 있다.

	σ_0	σ_1	σ_2	σ_3	σ_4	σ_5	σ_6	σ_7
σ_0	σ_0	σ_1	σ_2	σ_3	σ_4	σ_5	σ_6	σ_7
σ_1	σ_1	σ_0	σ_3	σ_2	σ_6	σ_7	σ_4	σ_5
σ_2	σ_2	σ_3	σ_0	σ_1	σ_5	σ_4	σ_7	σ_6
σ_3	σ_3	σ_2	σ_1	σ_0	σ_7	σ_6	σ_5	σ_4
σ_4	σ_4	σ_5	σ_6	σ_7	σ_0	σ_1	σ_2	σ_3
σ_5	σ_5	σ_4	σ_7	σ_6	σ_2	σ_3	σ_0	σ_1
σ_6	σ_6	σ_7	σ_4	σ_5	σ_1	σ_0	σ_3	σ_2
σ_7	σ_7	σ_6	σ_5	σ_4	σ_3	σ_2	σ_1	σ_0

9.7 m이 소수이고, 방정식이 기약이고 이전 단계들에서 1의 m차 제곱근들이 모두 첨가되었다는 가정아래, m^2개의 정사각형으로의 유사한 분해에 대해 지금까지 관찰해온 첨가과정과 군 연산표의 분해 사이의 대응이 일반적으로 성립한다. 이 조건 아래서 다음이 성립하는 것을 알 수 있다.

- 한 m차 제곱근의 첨가과정은, Galois 군의 축소가 실제로 일어난다면, 앞에서 설명한 것과 같은 m^2개의 정사각형으로의 군 연산표의 분해를 초래한다.

- 역으로, 임의의 그러한 m^2개의 정사각형으로의 분해에 대하여, 군 연산표가 좌상단의 정사각형으로 줄어들게 만드는 어떤 m차 제곱근이 존재한다.

제7장에서 살펴보았던 것처럼, 1의 m차 제곱근들은 항상 근호로 나타낼 수 있으므로, 이 동치관계는 다음 결과를 이끈다.

정리 9.3 임의의 기약 방정식은 그 Galois 군을 항등치환한 원소만을 포함하는 Galois 군으로 단계적으로 축소할 수 있을 때 근호로 풀 수 있다. 여기서 각 단계는 각각 (적절히 배열된) 군 연산표를 m개로 분할된 치환들을 포함하는 m^2개의 정사각형으로 분해하는 것에 대응한다.

(이러한 동치성의 인식아래, 단계별 과정을 허락하는 Galois 군을 풀이가능(solvable)이라고 한다.)[8]

아직 믿을 수 있는 증명을 하지도 않았지만, Galois 군이 방정식의 풀이 가능성을 분석하는 것이 왜 그렇게 가치 있는가 하는 것은 이 정리와 함께 분명해진다. 기본적으로, 그 군 연산에 관한 순전히 조합 이론적 고찰은 어떤 거듭제곱근 연산에 의해 원래의 방정식을 풀 수 있는지 결정하도록 도움을 준다. 따라서 예를 들어, 방정식

$$x^5 - x - 1 = 0$$

에 대하여, 관련된 120×120 군 연산표가 단 한 번의 정사각형들로의 분해를 허용한다. 그 결과로 얻은 60×60 정사각형은 더 이상의 분해를 허용하지 않고, 이것은 정확히, 주어진 5차 방정식의 근은 유리수의 포개진 근호에 의하여 나타낼 수 없는 이유이다.

물론, Galois 군을 군 연산표를 통해 순전히 조합론적으로 분석할 수 있다는 것이 가장 고상한 접근은 아니다. 그러한 분석이 얼마나 간단해지고 왜 그러한 방법이 통하는지는 다음 장의 주제가 될 것이다.

9.8 이 장의 나머지 부분에서는 앞에서 나왔던 몇 개의 방정식을 포함해서 어떤 다른 방정식들의 Galois 군들을 결정해보려고 한다.[9] 표준 4차 방정식에서 그랬던 것처럼, 일반적으로 특정한 치환이 그 Galois 군에 속할 수 없는 것을 보이는 논증 부분에 집중할 것이다. 나머지 치환들이 Galois 군에 속한다는 것을 증명하는 것은 기본적으로 항상 Galois 군의 계산에 대한 다음 절의 방법에 의하여 수행될 수 있다. 그럼에도 불구하고, 많은 경우에 보다 간단한 논법이 제시될 수 있다. 그러나 이 점에 관하여 사용될 정리들은 다음 장에서만 나오게 될 것이다.

Galois 군의 정의에서 일반적으로 중근을 갖는 방정식들은 제외한다. 이 장의 나머지 부분에서는 여기에 추가하여 기약 방정식만 고려하기로 한다. Galois 군의 단계에서 이것은 임의의 근 x_j와 x_k의 짝에 대하여 x_j를 x_k로 바꾸는, 즉 $\sigma(j) = k$인 치환 σ가 존재한다는 성질과 동치이며, 이것은 다음 장에서 증명이 주어질 것이다. 그런 경우에, 그 Galois 군은 그 방정식의 근들에 **추이적으로**(transitively) **작용한다**(act)고 한다.

9.9 기약 2차 방정식들은 항상 두 개의 치환으로 이루어진 Galois 군을 갖는다. 항등치환 σ_0에 추가하여 두 근을 교환하는 치환 σ_1이 더 존재한

다. 그 군 연산표는 다음과 같다.

	σ_0	σ_1
σ_0	σ_0	σ_1
σ_1	σ_1	σ_0

9.10

기약 3차 방정식의 Galois 군에 관하여 두 가지 가능성이 있다. 그 Galois 군은 세 근의 여섯 개의 치환 모두를 포함하거나 또는 그 근들을 순환적으로 바꾸는 세 개의 치환을 갖는다. 그런 방정식의 예는, 7차 원분방정식으로부터 나온

$$x^3 + x^2 - 2x - 1 = 0$$

인데, 그 근들은 $x_j = 2\cos\left(\dfrac{2\pi j}{7}\right)$, $j = 1,\ 2,\ 3$ 이다.

$$x_2 = x_1^2 - 2,\ x_3 = x_2^2 - 2,\ x_1 = x_3^2 - 2$$

이므로, 세 다항식

$$X_2 - X_1^2 + 2,\ X_3 - X_2^2 + 2,\ X_1 - X_3^2 + 2$$

가 Galois 군을 결정하는데 필요한 다항식의 집합, $B_{\mathbb{Q}}$ 에 속한다. 결과적으로, 그 Galois 군에 속하는 치환 σ 가 꼭 하나의 번호에 대한 그것의 작용 결과, 예를 들어 번호 $\sigma(1)$ 에 의하여 바로 결정되는 것을 안다. 따라서 Galois 군은 그 근들을 순환적으로 바꾸는 세 개의 치환들로만 이루어진다.

	1	2	3
σ_0	1	2	3
σ_1	3	1	2
σ_2	2	3	1

이 세 가지 치환들로 이루어진 Galois 군의 연산표는 다음과 같은 형태이다.

	σ_0	σ_1	σ_2
σ_0	σ_0	σ_1	σ_2
σ_1	σ_1	σ_2	σ_0
σ_2	σ_2	σ_0	σ_1

물론, 앞의 방정식의 Galois 군은 그 근에 대한 지식이 없이 직접 결정될 수도 있다. Galois의 일반적인 수단과 별도로, 그 제곱이 판별식인 근들의 차의 곱을 계산하여 구할 수도 있다. 이것은 제5장에서 주어진 3차 방정식에 대한 일반 공식과 함께 가장 쉽게 구할 수 있다. 즉,

$$(x_1 - x_2)(x_2 - x_3)(x_1 - x_3) = \pm 6i\sqrt{3}\sqrt{\left(\frac{q}{2}\right)^2 + \left(\frac{p}{3}\right)^2}$$

여기서 p와 q는 간소화된 방정식의 계수들이다. 지금 관찰하고 있는 방정식의 경우에 $p = -\dfrac{7}{3}$ 이고 $q = -\dfrac{7}{27}$ 이므로

$$(x_1 - x_2)(x_2 - x_3)(x_1 - x_3) = -7$$

이고, 이것은 바로, 차의 곱의 부호를 바꾸는 치환인 홀치환은 Galois 군에 속하지 않음을 보여준다.

9.11 제1장에서 풀어본 방정식

$$x^3 + x - 6 = 0$$

은 세 개의 근

$$x_{j+1} = \zeta^j\sqrt[3]{3 + \frac{2}{3}\sqrt{\frac{61}{3}}} + \zeta^{2j}\sqrt[3]{3 - \frac{2}{3}\sqrt{\frac{61}{3}}}, \quad j = 0,\ 1,\ 2$$

을 갖는데, 이러한 '대부분의' 기약 3차 방정식들은 Galois 군이 여섯 개의
치환 전체를 포함한다.

	1	2	3
σ_0	1	2	3
σ_1	3	1	2
σ_2	2	3	1
σ_3	1	3	2
σ_4	3	2	1
σ_5	2	1	3

이 Galois 군 연산표는 판별식의 제곱근의 첨가에 대응하는, 네 개의
3×3 정사각형들로 분해되는 다음 형태를 갖는다.

	σ_0	σ_1	σ_2	σ_3	σ_4	σ_5
σ_0	σ_0	σ_1	σ_2	σ_3	σ_4	σ_5
σ_1	σ_1	σ_2	σ_0	σ_5	σ_3	σ_4
σ_2	σ_2	σ_0	σ_1	σ_4	σ_5	σ_3
σ_3	σ_3	σ_4	σ_5	σ_0	σ_1	σ_2
σ_4	σ_4	σ_5	σ_3	σ_2	σ_0	σ_1
σ_5	σ_5	σ_3	σ_4	σ_1	σ_2	σ_0

Galois 군과 방정식의 근들 사이의 직접적인 관계는 1의 세제곱근 $\zeta =
-\frac{1}{2} + \frac{1}{2} i \sqrt{3}$을 '알려진 양'으로 가정해야 되는 점에서 이 3차 방정식의
경우에 복잡하다. 그 방정식의 계수들이 유리수일 때, 이것은 방정식의 풀이
과정과 Galois 군의 분해과정 사이의 직접적인 대응관계가 계수들을 포함하
는 유리수체 $\mathbb{Q}$가 1의 그 세제곱근에 의하여 $\mathbb{Q}(\zeta)$로 확장된 경우에만 보
장된다는 것을 의미한다.

방정식

$$x^3 - 3x^2 - 3x - 1 = 0$$

은 제1장의 끝에서 나왔던 것으로, 그 근이

$$x_{j+1} = 1 + \zeta^j \sqrt[3]{2} + \zeta^{2j} \sqrt[3]{4}, \ j = 1, \ 2, \ 3$$

이다. 이런 방정식처럼, 그 정도로 일반적인 방정식보다는 간단하게 보이는
그런 방정식이 여섯 개의 치환들로 이루어진 Galois 군을 가질 수 있다. 이
예의 간소화된 방정식의 계수는 $p = -6$과 $q = -6$이므로, 차들의 곱의 값
으로

$$(x_1 - x_2)(x_2 - x_3)(x_1 - x_3) = \pm 6i\sqrt{3} \in \mathbb{Q}(\zeta)$$

을 얻고, 1의 세제곱근 ζ가 첨가되었을 때만 Galois 군이 세 개의 치환들로
줄어드는 것을 알 수 있다. 이와 다르게, 유리수체 위에서의 Galois 군은 여
섯 개의 치환 모두를 포함한다.[10] 더 앞에서 살펴보았던 방정식 $x^3 + x^2 - 2x - 1 = 0$은 비록 환원불능의 경우이고 따라서 세 근들이 실수이지만, 1의
세 개의 세제곱근이 먼저 첨가되어야만 하고 그것으로는 Galois 군이 줄여
지지 않는다. 그 다음에 어떤 세제곱근을 첨가하여 그 방정식의 풀이가 가
능하게 된다.

9.12
기약 4차 방정식들은 4, 8, 12 또는 24개의 치환을 갖는 Galois
군을 가질 수 있다. 이들 네 개의 어떤 경우에, 어느 치환들이 그 Galois 군
에 속하는가에 대한 다른 가능성이 존재한다. 그럼에도 불구하고, 질적인 관
점에서, 특히 Galois 군의 풀이가능성과 관련하여, 군 연산표의 행과 열의
순서를 적절히 다시 정렬하여 하나가 다른 군으로 바뀔 수 있으면 두
Galois 군은 같은 것으로 생각하게 될 것이다. 그런 Galois 군들은 **동형**
(isomorphic)이라고 한다. 이 군의 동형의 개념으로 기약 4차 방정식들의

Galois 군에 대한 꼭 다섯 개의 가능성이 있는데, 네 개의 치환을 갖는 것이 두 개, 8, 12, 24개의 치환을 갖는 것이 각각 한 개씩이다. 이 각각의 경우에 하나의 방정식을 살펴볼 것이다.

예를 들어 5차 원분방정식으로부터 나오는 4차 방정식

$$x^4 + x^3 + x^2 + x + 1 = 0$$

과 함께 시작해보자. 제7장에서 풀었던 것으로, 그 근은

$$x_{j+1} = \cos\left(\frac{2\pi\,3^j}{5}\right) + i\sin\left(\frac{2\pi\,3^j}{5}\right), \quad j = 0,\ 1,\ 2,\ 3$$

이고, 그 순서는 원분방정식에 대한 주기의 작성에서 이미 정해졌던 것과 같다. 다음으로, 근 사이의 관계들 중에서 다음 대칭성은 명백해질 것이다.

$$x_{j+1} = x_j^{\,3}$$

이렇게 하여, 원분방정식의 주기에 대한 임의의 다른 방정식과 마찬가지로, 한 치환이 Galois 군에 속하는가 하는 것이 꼭 한 개의 번호에 대한 작용, 예를 들어 $\sigma(1)$에 의하여 결정된다. 이것은 근을 순환적으로 바꾸는 꼭 네 개의 치환이 그 Galois 군에 속한다는 결과를 이끈다. 다음 표는 Galois 군의 치환들과 군 연산표를 보여준다.

	1	2	3	4
σ_0	1	2	3	4
σ_1	2	3	4	1
σ_2	3	4	1	2
σ_3	4	1	2	3

	σ_0	σ_1	σ_2	σ_3
σ_0	σ_0	σ_1	σ_2	σ_3
σ_1	σ_1	σ_2	σ_3	σ_0
σ_2	σ_2	σ_3	σ_0	σ_1
σ_3	σ_3	σ_0	σ_1	σ_2

9.13 유사한 방법으로, 방정식

$$x^4 + 1 = 0$$

은 네 개의 치환을 갖는 Galois 군을 갖는다. 이 방정식의 근들은 1의 8차 제곱근 중에 네 개인

$$x_j = \cos\left(\frac{2\pi(2j-1)}{8}\right) + i\sin\left(\frac{2\pi(2j-1)}{8}\right), \ j = 1,\ 2,\ 3,\ 4$$

이다. 먼저, 이전의 방정식을 다루는 방법과 유사하게 한 치환 σ가 그 Galois 군에 속하는가는 관계

$$x_j = x_1^{2j-1}$$

때문에, 오로지 $\sigma(1)$, 즉 첫째 번호에 대한 그 작용에 의하여 결정된다. 그러므로 그 Galois 군에 속하는 치환들은 아래의 왼쪽 표에 있는 것들이다. 그러면 오른쪽의 군 연산표를 얻는데, 여기서 대각선 위에 있는 똑같은 네 개의 치환은 남아있는 어떤 치환도 앞 절에서의 군 연산표가 될 수 없다는 것을 보여준다.

	1	2	3	4
σ_0	1	2	3	4
σ_1	2	1	4	3
σ_2	3	4	1	2
σ_3	4	3	2	1

	σ_0	σ_1	σ_2	σ_3
σ_0	σ_0	σ_1	σ_2	σ_3
σ_1	σ_1	σ_0	σ_3	σ_2
σ_2	σ_2	σ_3	σ_0	σ_1
σ_3	σ_3	σ_2	σ_1	σ_0

9.14 여덟 개의 치환으로 이루어진 Galois 군을 갖는 기약 4차 방정식은 9.4와 9.5에서 이미 살펴보았다. 동형인 Galois 군을 갖는 아주 간단한 방정식은

$$x^4 - 2 = 0$$

으로, 그 근들은 $j = 1,\ 2,\ 3,\ 4$에 대하여 $x_j = i^{j-1}\sqrt[4]{2}$ 이다. $x_1 x_3 + x_2 x_4 = 0$이므로, 앞에서 살펴보았던 방정식과 유사한 방법으로 진행한다. 뿐만 아니라, 그 체가 $\mathbb{Q}$에서 1의 네제곱근 i에 의하여 확장되면, 그 Galois 군은 네 개의 순환치환으로 줄어든다.

9.15 방정식

$$x^4 + 8x + 12 = 0$$

으로부터 모두 열두 개의 짝치환으로 이루어진 Galois 군을 얻는다. 그 이유는 3차 분해방정식

$$z^3 - 12z - 8 = 0$$

에 대한 제5장의 공식을 사용하여 차의 곱에 대한 값

$$\prod_{j > k} (x_j - x_k) = 8 \prod_{j > k} (z_j - z_k) = 48\, i\, \sqrt{3}\, \sqrt{\left(\frac{-8}{2}\right)^2 + \left(\frac{-12}{3}\right)^3}$$
$$= -576$$

을 얻을 수 있기 때문이다.

9.16 최대 크기(24 치환)의 Galois 군을 갖는 한 기약 4차 방정식은

$$x^4 + x + 1 = 0$$

이다.

9.17

기약 5차 방정식의 경우에, (동형이 아닌) Galois 군의 꼭 다섯 가지의 가능성이 있다. 그 군들은 각각 5, 10, 20, 60, 120개의 치환을 갖는다. 그 Galois 군이 앞의 세 가지 경우의 하나일 때는 근호에 의하여 풀이 가능인 반면, 마지막 두 가지에 대해서는 아니다.

Vandermonde의 방정식

$$x^5 + x^4 - 4x^3 - 3x^2 + 3x + 1 = 0$$

의 근들은 11차 원분방정식의 두 - 원소 주기들이고, 그 Galois 군에는 다섯 개의 치환이 존재한다. 9.3과 9.4에서 묘사된 것처럼, $x_1^2 = x_2 + 2$, $x_2^2 = x_3 + 2$와 같은 다항식 관계들을 이용하여 그 Galois 군에 속하는 치환들을 결정할 수 있다.

방정식

$$x^5 - 5x + 12 = 0$$

의 Galois 군은 열 개의 치환을 갖는다. 그 근들은 $j = 0, 1, 2, 3$에 대하여

$$
\begin{aligned}
x_{j+1} = \ &\epsilon^j \sqrt{-1 + \frac{2}{5}\sqrt{5} - 3\sqrt{\frac{1}{5} - \frac{11}{125}\sqrt{5}}} \\
&+ \epsilon^{2j} \sqrt{-1 - \frac{2}{5}\sqrt{5} + 3\sqrt{\frac{1}{5} + \frac{11}{125}\sqrt{5}}} \\
&+ \epsilon^{3j} \sqrt{-1 - \frac{2}{5}\sqrt{5} - 3\sqrt{\frac{1}{5} + \frac{11}{125}\sqrt{5}}} \\
&+ \epsilon^{4j} \sqrt{-1 + \frac{2}{5}\sqrt{5} + 3\sqrt{\frac{1}{5} - \frac{11}{125}\sqrt{5}}}
\end{aligned}
$$

이고, 여기서 $\epsilon = \cos\left(\frac{2\pi}{5}\right) + i\sin\left(\frac{2\pi}{5}\right)$이다. 이것은 제8장에서 살펴본 쌍 세제곱 분해방정식의 값 $z = 5$를 계산하여 보일 수 있다. 이것은 부호가 결정되어야 하지만 다음 관계식에 대응한다.

$$x_1 x_2 + x_2 x_3 + x_3 x_4 + x_4 x_5 + x_5 x_1$$
$$- x_1 x_3 - x_2 x_4 - x_3 x_5 - x_4 x_1 - x_5 x_2 = -10$$

이 방정식의 Galois 군은 이 책의 머리말에 있는 그림 0.1의 군 연산표로 나타난다.

방정식 $x^5 - 2 = 0$은 그 근이 $x_j = \epsilon^{j-1} \sqrt[5]{2}$, $j = 1, \cdots, 5$이고, 그 Galois 군은 스무 개의 치환을 포함한다. $x_j = x_1^{2-j} x_2^{j-1}$이므로, 그 Galois 군의 임의의 치환은 두 근 x_1, x_2 위의 작용에 의하여 완전히 결정된다. 그리고 사실 두 근 x_1, x_2과 서로 다른 두 근의 짝과 관련된 모든 $5 \times 4 = 20$의 방법은 가가 그 Galois 군에 속하는 치환을 하나씩 발생시킨다. 실제로 이 스무 개의 치환은 $j = 0, 1, 2, 3, 4$에 대하여

$$\sigma_{p,q}\left(\epsilon^j \sqrt[5]{2} \right) = \epsilon^{pj+q} \sqrt[5]{2}$$

와 같이 정의된다. 여기서 $p = 1, \cdots, 4$와 $q = 0, \cdots, 5$이다.

방정식 $x^5 + 20x + 16 = 0$은 육십 개의 치환이 생긴다. 이들은 짝치환 전체이고, 차의 곱인 정수 값을 바꾸지 않는 것들이다. 제8장의 각주 5에서 주어진 공식을 사용하여, 차의 곱은 $+32000$이거나 -32000이다.

120개의 치환의 최대 Galois 군을 갖는 5차 방정식의 예는 $x^5 - x + 1 = 0$이다.

9.18

방정식의 풀이가능성에 관한 Galois의 발견을 담고 있는 정리를 '전통적 방식으로' 만들어진 판정법의 형태로 소개하면서 이 장을 마친다. 이 판정기준을 만족하는 방정식들이 풀이가능임은 Galois 이전에 1828년 Abel이 Crelle(1780-1855)에 보낸 편지에서 가설로 세웠었다.[11]

정리 9.4 임의의 소수 차수의 기약 방정식이 근호에 의해 풀이가능일 필요
충분조건은 모든 근들을 임의의 두 근들에 관한 다항식으로 나타낼 수 있는
것이다.

특히, 세 개의 실근과 실수가 아닌 두 근을 갖는 유리수체 위에서 기약인
5차 방정식은 근호에 의해 풀이가능하지 않다. 따라서 예를 들어, 방정식
$x^5 - 17x - 17 = 0$은 Eisenstein의 기약성 판정법에 의하여 기약이고, 또한
세 개의 실근과 실수가 아닌 두 근을 갖고, 그들 가운데 두 개를 사용하여
유리수 계수의 다항식으로 모든 근들을 나타낼 수 있는 방법이 없으므로 바
로 풀이가능이 아님을 알 수 있다.

Galois의 판정법의 추가적인 결과는, 소수 n을 차수로 갖는 풀이가능인
기약방정식의 Galois 군의 크기는 항상 $n(n-1)$의 약수이고, n의 배수라
는 것이다.

Galois 군의 계산

앞에서 말했던 것처럼, Galois 군의 정의에 사용된 다항식들의 집합
B_K는 명시적으로 열거하기에는 너무 크다. 심지어 완전한 설명조차 간단
하지 않다.[12) Galois 군의 명시적인 계산을 허용하면서, 이러한 딜레마를
벗어나는 한 방법은 Galois가 원래 사용한 방법에 따라 Galois 군의 정의
를 제시하는 것이다.

Galois는 주어진 방정식의 서로 다른 것으로 가정한 n개의 근 $x_1, \cdots,$
x_n에 대하여 소위, Galois 분해(resolvent)라고 부르는 것을 고안하였다.
그는 적당히 선택된 수 $m_1, \cdots, m_n$에 대하여

$$t = m_1 x_1 + \cdots + m_n x_n$$

과 같은 형태로 이것을 나타내었다. 그리고 Galois는 번호 $1, \cdots, n$의 치

환 σ들로부터 얻어진 모두 $n!$개의 값

$$t_\sigma = m_1 x_{\sigma(1)} + \cdots + m_n x_{\sigma(n)}$$

이 서로 다르게 되는 체 K에 속하는 원소 $m_1, \cdots, m_n$을 항상 찾을 수 있다는 사실을 알아냈다.[13] 이렇게 만들어진 양 t는, Lagrange가 결정했던 것과 같이, 모든 근 $x_1, \cdots, x_n$가 t에 대한 다항식으로, 특히 제곱근 연산이 없이 $x_1 = g_1(t), \cdots, x_n = g_2(t)$로 표현될 수 있었다.[14] Galois 군을 정의하기 위해 사용된 B_K에 속하는 각 다항식은 따라서 Galois 분해 t를 만족하는 한 다항식 방정식에 대응된다. 그리고 Galois 군의 계산에 대한 다음 절의 포인트 3에 설명되어있는 바와 같이 그러한 일변수 다항식들은 모두 t에서 영이 되는 체 K 위의 한 기약다항식의 배수이다. 따라서 임의의 치환이 Galois 군에 속하는지를 이 한 개의 방정식에 대해서만 조사하면 된다. 또한 Lagrange의 방법을 적용하여, $n!$개의 일차인수 $(T - t_\sigma)$들을 모두 곱해서 얻은 $n!$차인 다항식을 K 위의 기약인수들로 인수분해하여 t에서 영이 되는 인수 $\mathfrak{G}(T)$를 구하는 과정을 통해 t를 만족하는 기약다항식을 일반적으로 '쉽게' 찾을 수 있다.~(이 장의 마지막에 있는 역자 보충해설 2 참조)

특정한 방정식의 조사는 이들 방법을 명확히 할 뿐 아니라, Galois 군을 계산하기 위해 수치 해를 실제로 어떻게 사용하는지 보여주는 데 도움이 된다. 사실, 반올림에 의한 피할 수 없는 오차 때문에 수치는 부등식의 증명에는 사용될 수 있지만, 종종 그것으로 충분하더라도, 등식의 증명으로는 적당하지 않다. 예를 들어 9.4절과 9.5절에서 이미 분석해본 방정식

$$x^4 - 4x^3 - 4x^2 + 8x - 2 = 0$$

을 생각하자. 이것은 네 개의 실근을 갖는데, 여러 가지 근사 알고리즘 중 하나를 써서 다음과 같이 수치 해를 얻을 수 있다.

$$x_1 = 4.51521655\cdots, \quad x_2 = 0.84506656\cdots$$
$$x_3 = 0.31321057\cdots, \quad x_4 = -1.67349368\cdots$$

그 다음, 시행착오에 의하여 Galois 분해를 구한다.~(이 장의 마지막에 있는 역자 보충해설 1 참조) 여기서, $t = -x_2 + x_3 - 2x_4$가 요구되는 성질을 만족한다. 즉, 수치계산에 의하여 $4! = 24$개의 $-x_{\sigma(2)} + x_{\sigma(3)} - 2x_{\sigma(4)}$가 값이 모두 다르다는 것을 알 수 있다. 그러면 24개의 일차인수

$$\left(T - \left(-x_{\sigma(2)} + x_{\sigma(3)} - 2x_{\sigma(4)}\right)\right)$$

들을 곱하여 Galois 분해 t에 대하여 24차 정수계수 다항식을 하나 얻고, 수치적 결과들의 최소의 반올림에 의한 가장 가까운 정수 값을 정확히 결정할 수 있다.

Galois 분해 t에서 영이 되고, K 위에서 기약인 유리계수의 한 인수 $\mathfrak{G}(T)$를 찾는 과정에서 그 수치에 대한 지식을 다시 이용할 수 있다. 24개의 일차인수

$$\left(T - \left(-x_{\sigma(2)} + x_{\sigma(3)} - 2x_{\sigma(4)}\right)\right)$$

들 가운데 어느 것들을 곱하여 정수계수 다항식이 될 수 있는지 검사하여야 한다. 분명히, 치환들의 임의의 조합은 수치적으로 계산된 곱이 정수계수 다항식에 가깝지 않으면 제외될 수 있다. 반대의 경우, 즉 수치적 결과가 실제로 정수계수 다항식과 근사적으로 대응하는 경우에 이 정수계수 다항식은 이것이 실제로 24차 다항식의 인수로 분해되는지 검사하여야 한다.

우리의 구체적인 예, Galois 분해 t에 대하여 유리수체 위에서 기약이고, $\mathfrak{G}(t) = 0$인 8차 다항식 $\mathfrak{G}(T)$를 얻는다.~(이 장 마지막에 있는 역자 보충해설 2 참조) 즉,

$$\mathfrak{G}(T) = T^8 + 16\,T^7 - 40\,T^6 - 1376\,T^5 - 928\,T^4$$
$$+ 34048\,T^3 + 22208\,T^2 - 253184\,T + 72256$$

다항식 $\mathfrak{G}(T)$를 구성하는 일차인수들은 번호들의 다음 치환에 대응된다.

	1	2	3	4
σ_0	1	2	3	4
σ_1	3	2	1	4
σ_2	1	4	3	2
σ_3	3	4	1	2
σ_4	2	1	4	3
σ_5	4	1	2	3
σ_6	2	3	4	1
σ_7	4	3	2	1

이 방법으로 얻을 수 있는 치환들의 집합이, 구하려는 Galois 군으로서, 이것은 일반적으로 적용될 수 있다. 한편으로는, 등식

$$(-x_2 + x_3 - 2x_4)^8 + 16(-x_2 + x_3 - 2x_4)^7 - \cdots$$
$$- 253184(-x_2 + x_3 - 2x_4) + 72256 = 0$$

으로부터 집합 $B_{\mathbb{Q}}$에 속하는 한 다항식을 얻는다. 또한 그 Galois 분해의 구성과정에 있어서 기초가 되는 조건 때문에 이 등식은 단지 기약다항식 $\mathfrak{G}(T)$의 여덟 개의 일차인수들 가운데 하나에 대응하는 치환들, 정확히 위의 표에 있는 치환들에 대해서만 성립한다. 또 다른 한편으로는, 역으로 이들 치환들의 각각은 근 $x_1, \cdots, x_n$에 대하여 성립되는 모든 다른 다항식의 등식을 만족한다. 즉, $h(x_1, \cdots, x_n) = 0$가 성립할 때, 항상 $h(x_{\sigma(1)}, \cdots, x_{\sigma(n)}) = 0$이 성립한다.[15]

요약하자면, Galois 군을 계산하기 위하여 먼저 Galois 분해 t를 구하고 관련된 $n!$차의 다항식을 작성한다. 그것의 기약인수들 가운데 t에서 영이 되는 인수 $\mathfrak{G}(T)$에 의하여 그 Galois 군을 완전히 기술할 수 있다. 그 과정에서, 근 $x_1, \cdots, x_n$의 임의의 치환은 하나의 값을 바꿈으로써, 즉 Galois 분해 t에서 기약인수 $\mathfrak{G}(T)$가 영이 되는 다른 t_σ로 넘김으로써 결정된다. 이러한 방법으로 치환 σ는

$$t_\sigma = m_1 x_{\sigma(1)} + \cdots + m_n x_{\sigma(n)}$$

에 의하여 묵시적으로 결정된다. 다항식 표현 $x_1 = g_1(t), \cdots, x_n = g_n(t)$ 와 함께 시작하여 공식

$$x_{\sigma(1)} = g_{\sigma(1)}(t), \cdots, x_{\sigma(n)} = g_{\sigma(n)}(t)$$

를 추가로 얻는다.16) 마지막으로, 어떤 상황에서는 K 위에서 기약인 다항식 $\mathfrak{G}(T)$를 체 K의 확장 위에서 한 개 이상의 인수들로 분해할 수도 있다는 것을 주목한다. Galois 분해 t에서 영이 되는 인수는 그 확장체에 대한 Galois 군을 기술한다. 이러한 이유 때문에 Galois는 그 확장체에서의 Galois 군의 정확한 움직임을 파악하기 위하여, 그런 인수분해의 성질, 특히 모든 인수들은 같은 차수를 갖는다는 것을 스스로 연구하였다.

방정식에 대한 계산을 위한 속성과정

Galois 군의 결정은 다항식들의 광범위한 분석이 필요하다. 여기서 Galois의 절차는 상대적으로 다루기 쉬운 경우인 한 개의 변수에 대한 다항식들에 대해서만 관심을 가지면 되도록 해준다. 그러한 이유 때문에, 일변수 다항식에 대한 가장 중요한 성질들을 여기에 모아 보았다. 나눗셈 및 관련된 성질들에 관하여 다항식은 정수의 경우와 뚜렷하게 상응하는 유사성을 보여준다는 것을 맨 먼저 주목한다.

포인트 1 정수의 나눗셈에 대응되는 유사한 성질과 함께 시작한다.

정리 9.5 임의의 다항식 $f(X)$는 영이 아닌 임의의 다항식 $g(X)$로 나누어

$$f(X) = q(X)g(X) + r(X)$$

인 몫 $q(X)$와 나머지 $r(X)$를 갖는다. 여기서 나머지 다항식 $r(X)$는 $g(X)$보다 낮은 차수를 갖는다.

실제로, 익숙한 정수의 나누기에 대응되는 유사한 절차에 의하여 두 다항식 $q(X)$와 $r(X)$의 계산이 수행된다. 10진법으로 나타낸 정수는 한 다항식의 10에서의 값으로 이해할 수 있으므로 이것은 우연의 일치가 아니다. 그럼에도 불구하고, 정수의 나누기와 달리 빌려오기가 없으므로 다항식의 경우는 실제로 더 단순하다. 이 알고리즘의 일반적인 기술은 명료함이 떨어지므로 예를 드는 것으로 만족하자.

$$
\begin{array}{r}
(X^4 - 2X^3 + 3X^2 - X + 2) \div (X^2 - 2X - 1) = X^2 + 4 \\
\underline{X^4 - 2X^3 - X^2} \\
4X^2 - X + 2 \\
\underline{4X^2 - X - 4} \\
7X + 6
\end{array}
$$

로부터 결과는

$$
\begin{aligned}
X^4 - 2X^3 &+ 3X^2 - X + 2 \\
&= (X^2 - 2X - 1)(X^2 + 4) + 7X + 6
\end{aligned}
$$

포인트 2 정수의 경우와 마찬가지로, 다항식 $f(X)$를 다항식 $g(X)$로 나누어 나머지가 영이 될 때 $g(X)$를 $f(X)$의 **약수**(divisor)라고 한다. 두 다항식 $f(X)$와 $g(X)$의 **최대공약수**(greatest common divisor)는 $f(X)$와 $g(X)$의 공통 약수인 최고차수의 다항식으로, gcd$(f(X), g(X))$로 나타낸

다. 먼저, 최대공약수는 $f(X)$를 $f(X) - h(X)g(X)$로 바꾸어도 변하지 않는다. 즉,

$$\gcd(f(X),\ g(X)) = \gcd(f(X) - h(X)g(X),\ g(X))$$

인데, 왜냐하면 $f(X)$와 $g(X)$의 임의의 공약수는 또한 $f(X) - h(X)g(X)$를 나누고, 주어진 변환이 가역적이므로 그 역도 성립하기 때문이다.

특히 다항식 $h(X)$가 $f(X)$를 $g(X)$로 나눌 때 몫이 되는 $q(X)$는 특별한 중요성이 있다. 이 특별한 변환에서, 두 다항식 $f_1(X) = g(X)$과 $g_1(X) = f(X) - h(X)g(X)$가 얻어지고, 이 때 두 번째 다항식은 나누기의 나머지가 되므로 두 번째 다항식의 차수는 $q(X)$의 차수보다 작다.

정수에 경우와 마찬가지로, 이러한 단계를 계속하여 최대공약수를 구할 수 있다. Euclid의 호제법(Euclidean algorithm)이라 불리는 그 과정은 다항식 $f_0(X) = f(X)$와 $g_0(X) = g(X)$의 짝과 함께 시작하여 j번째 단계에서 다항식의 짝

$$f_j(X) = g_{j-1}(X),\ g_j(X) = f_{j-1}(X) - q_{j-1}(X)g_{j-1}(X)$$

과 함께 끝난다. 여기서 $g_j(X)$의 차수는 $g_{j-1}(X)$의 차수보다 작다. 따라서 이 알고리즘은 유한 번의 단계에서 $g_m(X) = 0$과 함께 끝나야 한다. 그러면

$$\gcd(f(X),\ g(X)) = \gcd(f_1(X),\ g_1(X)) = \cdots$$
$$= \gcd(f_m(X),\ 0) = f_m(X)$$

임의의 번호 j에 대하여, 최대공약수 $f_m(X)$는 적당한 다항식 $u_j(X)$와 $v_j(X)$에 대하여

$$f_m(X) = u_j(X)f_j(X) + v_j(X)g_j(X)$$

와 같은 표현을 얻게 된다. 이것은 그런 표현이 바로 만족되는 번호 $j = m$부터 시작하여, j번째 단계에 대응하는 방정식

$$\begin{aligned} f_m(X) &= u_j(X)f_j(X) + v_j(X)g_j(X) \\ &= u_j(X)g_{j-1}(X) + v_j(X)(f_{j-1}(X) - q_{j-1}(X)g_{j-1}(X)) \\ &= u_j(X)f_{j-1}(X) + (u_j(X) - v_j(X)q_{j-1}(X))g_{j-1}(X) \end{aligned}$$

를 생각하여 거꾸로 계속 행하면 귀납적으로 곧 분명해진다.

수학적 귀납법으로 증명되는 이 방정식은 지금 $j = 0$의 경우에 다음 정리와 같이 나타낼 수 있는 최대공약수 $f_m(X)$의 중요한 성질을 보여준다.

정리 9.6 두 다항식 $f(X)$와 $g(X)$의 최대공약수는 적절히 선택된 다항식 $u(X)$와 $v(X)$에 대하여 $u(X)f(X) + v(X)g(X)$와 같이 나타낼 수 있다.

포인트 3 Galois의 연구에서 주요한 역할을 했던, Galois에 의하여 증명된 결과를 알아보자.

정리 9.7 기약인 다항식 $f(X)$가 다항식 $g(X)$와 공통근을 가지면 $g(X)$는 $f(X)$로 나누어떨어진다.

기약성은 다항식의 계수가 속하는 영역에 달려 있으므로, 정리의 이 형식화는 아주 엄밀하지는 않다. 여기서는 체 K에 관해서 기약을 의미한다.

또한, 이 정리는 기약다항식이 영이 되는 값들을 대수적으로 구별할 수 없다는 것을 의미하는 것으로 해석될 수 있다. 즉, 임의의 기약다항식의 한 근에 대하여 성립하는 사칙연산에 대한 임의의 성질은 다른 근에 대하여도 똑같이 성립한다.

증명을 위해 먼저, Euclid의 호제법을 이용하여 $f(X)$와 $g(X)$의 최대공약수를 결정하여야 한다. 이 최대공약수는 $d(X)$로 나타낼 것이다. 그것의 계수들은 체 K에 속해야 한다. 또한, Euclid의 호제법을 실행하여 적절히 선택된 다항식 $u(X)$와 $v(X)$에 대하여 $d(X) = u(X)f(X) + v(X)g(X)$와 같이 나타낼 수 있다. 따라서 두 다항식 $f(X)$와 $g(X)$의 공통의 영점은 $d(X)$의 영점이고, 이것은 $d(X)$의 차수가 적어도 1임을 의미한다. 이것은 다항식 $d(X)$는 기약다항식 $f(X)$의 약수이므로 K의 상수 c까지를 제외하고 $f(X)$와 같다. 즉, $f(X) = cd(X)$는 다항식 $g(X)$의 약수이다.

포인트 4 다음 정리를 주목한다.

정리 9.8 임의의 다항식의 기약다항식들의 인수에 의한 분해는 인수들의 순서와 상수 배의 차이를 무시하면 일의적(一義的)이다.

기약다항식들의 인수에 의한 두 분해 $f_1(X) \cdots f_s(X) = g_1(X) \cdots g_r(X)$에 대하여, 인수 $f_1(X)$는 어떤 인수 $g_j(X)$와 공통 영점을 가져야 한다. 따라서 정리 9.7에 따르면 다항식 $f_1(X)$는 다항식 $g_j(X)$의 약수이고, 반대로도 성립한다. 따라서 체 K의 어떤 수 c에 대하여 $f_1(X) = cg_j(X)$. 이제, 원래 식의 양변을 $f_1(X)$로 나누어 인수마다 계속 진행하여 증명을 완성할 수 있다.

Galois 군과 그 역사에 대한 참고문헌

H.-W. Alten (et al), *4000 Jahre Algebra*, Berlin, 2003.

Edgar Dehn, *Algebraic Equations*, New York, 1960.

Harold M. Edwards, *Galois Theory*, New York, 1984.

Helmut Koch, *Einfuhrung in die klassische Mathematik I*, Berlin, 1986.

Gerhard Kowol, *Gleichungen*, Stuttgart, 1990.

Ivo Radloff, Evariste Galois: principles and applications, *Historia Mathematica*, 29 (2002), pp. 114-137.

Jean-Pierre Tignol, *Galois' Theory of Algebraic Equations*, Singapore, 2001.

1   (정수에 대한 '원래의' 버전에 있는) Euclid 호제법을 이용하여, 145673과 2134197의 최대공약수를 결정하여라.

2   실수가 아닌 꼭 두 개의 근을 갖는 임의의 유리계수 방정식에 대하여, 유리수들 위의 Galois 군이 실수가 아닌 그 두 근들을 서로 교환하고 나머지 근들은 변화시키지 않고 그대로 두는 한 치환을 포함함을 보여라.

3   방정식

$$x^4 - 2 = 0$$

의 풀이과정을 어떻게 접근할 수 있는가? 즉, 그 근이 $\mathbb{Q}$와 $\mathbb{Q}(\sqrt[4]{2})$ 사이의 무슨 체 위에서 생길 수 있는가? 또한, 체의 확장들의 각 연쇄에 대하여 관련된 Galois 군의 분해를 구하여라. 힌트: 그런 확장체의 연쇄에 대하여 모두 합쳐 일곱 개의 다른 가능성이 존재한다. 약간의 노력으로, 이 숫자를 관련된 Galois 군의 분해에 대하여 확립할 수 있다. 이 숫자가 체 확장의 연쇄로 전해진다는 것을 다음 장에서 보여줄 것이다.

4   원분방정식

$$x^{17} - 1 = 0$$

의 Galois 군을 구하고, 그 Galois 군의 꼭 하나의 단계적인 분해과정이 존재함을 증명하여라. 또, 관련된 체 확장을 구하여라.

1) Galois의 발견의 극적인 상황과 불가사의한 결투 때문에 그의 인생은 주로 낭만적으로 묘사된다. 이러한 예 중 하나는 1997년 Tom Pertsinis의 소설, 《*The French Mathematician*》이다. 객관적인 사실들에 더 관심을 갖는 독자들은 A. Rothman이 기고한 글 The short life of Evariste Galois, *Scientific American*, April 1982, pp. 112-120을 보기 바란다. 또한 T. Rothman의 Genius and biographers: the fictionalization of Evariste Galois, *Amer. Math. Monthly* 89 (1982), 84-106, 또는 Laura Toti Rigatelli가 쓴 전기, *Evariste Galois* 1811-1832, Birkhauser, 1996 (이탈리아어 원전, 1993)을 참조하여라.

2) 다른 수학 분야에서 유력한 한 예는 매듭이론이다. 매듭이론에 대한 기초적인 소개를 위해 다음 자료들을 참조하여라. Alex Sossinky, *Knots: Mathematics with a Twist*, Cambridge, Harvard University Press, 2004; Lee Neuwirth: The theory of knots, *Scientific American* 240 (June 1979), pp. 110-124. 덜 극적인 예들은 수학의 거의 모든 영역에서 찾을 수 있다.

3) Galois 이론이 여러 해에 걸쳐 어떻게 발전하고, 변화하였는지는 B. Melvin Kiernan, The development of Galois Theory from Lagrange to Artin, *Archive for History of Exact Sciences*, 8 (1971/1972) pp. 40-154 와 B. L. van. der Waerden에 의한 주석이 달린 수정본 Die Galois-Theori von Heinrich Weber bis Emil Artin, *Archive for History of Exact Sciences*, 9 (1972) pp. 240-248을 참조하여라.

4) Galois의 원래 논문의 광범위의 해설 번역을 Harold M. Edwards, *Galois Theory*, New York, 1984에서 찾을 수 있다. 역사적 개관을 위하여, Erhard Scholz, Die Entstehung der Galois-Theorie, in: Erhard Scholz (ed.), *Geschichte der Algebra*, Mannheim, 1990, pp. 365-398을 참조하여라.

5) 체의 개념은 보통 복소수들의 부분집합이 아닌 집합들을 포함하는 훨씬 더 일반적으로 정의된다. 그러나 우리의 목적을 위해서는 여기에 주어진 정의로도 충분하다.

6) 그렇지만 이 확장체는 그 3차 방정식의 나머지 두 근을 포함하지 않는다. 두 번째 첨가에 의한 확장체 속으로 모든 세 근들을 포함시키기 위하여, 1의 세제곱근을 포함하는 체 $\mathbb{Q}\left(\dfrac{1}{2} + \dfrac{1}{2} i \sqrt{3}\right)$와 함께 시작할 수 있다.

7) 여기서 살펴본 복소수 계수의 경우에 대하여, 이 조건은 사실 제한이 아니다. 왜냐하면 중복인수들은 네 가지 기본연산만을 써서 그들을 분해하여 소거할 수 있기 때문이다. 이것은 나중에 설명할 Euclid 호제법의 도움으로 주어진 다항식과 그 도함수의 최대공약수를 구하여 이루어진다.

$$((x - x_1)^j (x - x_2)^k \cdots)' = (x - x_1)^{j-1}(x - x_2)^{k-1} \times \cdots$$
$$\times (j(x - x_2)(x - x_3) \cdots + k(x - x_1)(x - x_3) \cdots + \cdots)$$

이므로, 주어진 다항식과 그 도함수의 최대공약수는 다음과 같다.

$$(x - x_1)^{j-1}(x - x_2)^{k-1} \cdots$$

원래의 다항식을 이 최대공약수로 나누어 원래의 다항식과 같은 근의 집합을 갖지만 중근을 갖지 않는 다항식을 얻는다. 이러한 생각을 다항식의 구체적인 변환에 처음으로 사용한 사람은 나중에 암스테르담의 시장이 된 Jan Hudde(1628~1704)이었다.

8) 다음 장에서 우리는 군연산표를 사용하지 않아도 다룰 수 있는 정의를 배우게 된다.

9) 나머지 다른 예들은 부분적으로 Leonhard Soicher, John McKay, Computing Galois groups over the rationals, *Journal of Number Theory*, 20 (1985), pp. 273-281로부터 가져왔다. 이 논문에는 6차 이상의 방정식들의 예도 포함되어 있다.

10) 더구나,

$$x_j{}^2 - 3x_j - 2 = \zeta^{j-1} \sqrt[3]{2}$$

이므로, 분해체, 즉 모든 근들을 첨가하여 생기는 체는 $\mathbb{Q}(\zeta, \sqrt[3]{2})$이다. '분해체'라는 용어는 그것이 풀려는 방정식을 그 속에서 일차식들로 인수분해할 수 있는 가장 작은 체라는 사실로부터 왔다.

11) August Leopold Crelle는 주로 첫 독일 수학저널의 창설자이자 편집자로 알려져 있다. 《The Journal für die Reiner und Angewandte Mathematik》는 오늘날에도 자주 'Crelle's journal'로 불려진다. 풀이불가능성에 대한 Abel의 증명이 1826년 Crelle's journal의 volume1에 발표되었다. (Beweis der Unmoglichkeit, algebraische Gleichungen von höheren Graden, als dem vierten, allgemein aufzulösen, pp. 65-84). 정리 9.4 역시 Abel's Mémoire sur une classe particulière d'équations résolubles algébriquement, *Crelle*, 4 (1829), pp. 131-156에서 Théorème IV (p143)으로 형식화된 것과 같은 것이다. 또한 Lars Garding, Christian Skau, Niels Henrik Abel and solvable equations, *Archive for History of Exact Sciences*, 48 (1994), pp. 81-103을 참조하여라.

12) (거의) 모든 것을 이미 알고 있는 독자들을 위해 : 집합 B_K는 다항식환 $K[X_1, \cdots, X_n]$의 아이디얼(ideal)이다. Hilbert 기저정리(basis theorem)로부터, B_K가 어떤 다항식들 $f_1, \cdots, f_m$에 대하여

$$f_1 h_1 + \cdots + f_m h_m$$

형태의 다항식들로 이루어지는 유한개의 (기저) 다항식 $h_1, \cdots, h_m$이 존재한다. 만약 그런 기저 다항식 $h_1, \cdots, h_m$를 결정할 수 있다면, 이들 다항식들과 함께 임의의 치환을 일일이 점검하여 Galois 군의 원소인지를 알 수 있고 따라서 Galois 군을 계산할 수 있을 것이다.

13) 선택된 값 $m_1, \cdots, m_n$에 대하여, 방정식

$$m_1(x_{\sigma(1)} - x_{\tau(1)}) + \cdots + m_n(x_{\sigma(n)} - x_{\tau(n)}) = 0$$

들 가운데 어느 것도 다른 두 개의 치환 σ와 τ에 대해 만족되지 않는다. 이 $\frac{1}{2}n!(n!-1)$개의 방정식들의 각각은 이렇게 K^n에 속하는 어떤 초평면(hyperplane)에 의하여 값 $m_1, \cdots, m_n$의 가능한 선택을 제한한다. 즉, $n=2$에 대하여 이것은 K^2에 속하는 한 직선이고, $n=3$에 대하여 K^2에 속하는 한 평면 등이다. 이렇게 하여, 어떤 경우에도 원하는 값 $m_1, \cdots, m_n$를 선택할 수 있는 무한히 많은 방법이 존재한다.

14) 현대적 변형인 $K(x_1, \cdots, x_n) = K(t)$은 원시원소의 존재성에 대한 정리이다. 이 정리의 증명은 Galois에 의해 그 개요만 알려졌으나, 현대대수학의 여러 책들에서 찾을 수 있다. 만들어진 Galois 분해 t에 대응하여, Galois는 x_1을 고정하는 모든 치환들에 기초하는 $(n-1)!$개의 인수들의 곱으로 다항식

$$G(T, X_1, \cdots, X_n) = \prod_{\substack{\sigma \in S_n \\ \sigma(1)=1}} (T - (m_1 X_{\sigma(1)} + \cdots + m_n X_{\sigma(n)}))$$

$$= \sum_{k=0}^{(n-1)!} g_k(X_1, \cdots, X_n) T^k$$

을 만들었다. 여기서 $\sum$ 기호에 나오는 계수 $g_k(X_1, \cdots, X_n)$는 변수 $X_1, \cdots, X_n$에 관한 다항식으로 변수 $X_2, \cdots, X_n$에 대해서는 대칭이다. 지금, 만약 다항식 $g_k(X_1, \cdots, X_n)$을 변수 X_1에 대한 다항식으로 생각하면, 각 계수는 변수 $X_2, \cdots, X_n$에 대한 대칭다항식들로 나타낼 수 있고 더 나아가 변수 $X_2, \cdots, X_n$에 관한 기본 대칭다항식들을 변수로 갖는 다항식으로 표현할 수 있다. 더욱이, 이 기본 대칭다항식들의 각각은, 예를 들어

$$X_2 + \cdots + X_n = (X_1 + \cdots + X_n) - X_1$$

와 같이 X_1, X_2, $\cdots$, X_n에 대한 기본 대칭다항식과 X_1을 변수로 갖는 다항식으로 표현할 수 있으므로, 이 관찰을 바탕으로 다음을 얻는다.

$$g_k(X_1, \cdots, X_n) = \sum_{j = 0, 1, \cdots} h_{j,k}(X_1, \cdots, X_n)X_1^{j}$$

여기서 다항식들 $h_{j,k}(X_1, \cdots, X_n)$는 변수 X_1, $\cdots$, X_n에 관한 대칭이다. 이제, 다항식

$$F(X) = \sum_k \sum_j h_{j,k}(x_1, \cdots, x_n)t^k X^j$$

을 정의한다. 값 $h_{j,k}(x_1, \cdots, x_n)$들은 예외 없이 원래 방정식의 계수에 관한 다항식들로 표현될 수 있어, 그것들은 체 K에 속해야 된다. 앞으로 보이겠지만, 방정식 $F(X) = 0$는 원래의 방정식과 x_1만을 공통근으로 갖는다. 결과적으로 Euclid 호제법을(다음 장 참조) 이용하여, 일차인수 $(X - x_1)$을 두 방정식들의 계수들, 즉 t와 함께 K에 속하는 값들로부터 네 가지 기본 산술연산에 의하여 계산할 수 있다. 사실, 선형대수의 논법에 의하여, 나눗셈을 하지 않고 할 수 있다는 것을 보일 수 있다.~(9.9절 참조)

여전히 방정식 $F(X) = 0$는 x_1만을 근으로 가짐을 보여야 한다. 항등치환, 즉 모든 것을 바꾸지 않고 그대로 남겨두는 치환에 대응하는 인수로부터 우리는 다음을 얻는다.

$$F(x_1) = \sum_k \sum_j h_{j,k}(x_1, \cdots, x_n)t^k x_1^j = \sum_k g_k(x_1, \cdots, x_n)t^k$$
$$= G(t, x_1, \cdots, x_n) = 0$$

한편

$$F(x_2) = \sum_k \sum_j h_{j,k}(x_1, x_2, \cdots, x_n)t^k x_2^{j}$$
$$= \sum_k \sum_j h_{j,k}(x_2, x_1, \cdots, x_n)t^k x_2^{j}$$

$$= \sum_k g_k(x_2, \, x_1, \, \cdots, \, x_n) t^k$$

$$= \prod_{\substack{\sigma \in S_n \\ \sigma(1) = 1}} (t - (m_1 x_2 + m_2 x_{\sigma(2)} + \cdots + m_n x_{\sigma(n)}))$$

$$\neq 0$$

이고, 다른 근 $x_3, \, \cdots, \, x_n$에 대해서도 유사하게 같은 결과가 성립한다.

15) 그런 한 증명은 Galois 분해 t에 관한 근들의 다항식 표현과 함께 시작될 것이다. 즉

$$x_1 = g_1(t), \, \cdots, \, x_n = g_n(t)$$

만약 이 표현들을 풀려고 하는 최초의 방정식 $f(x) = 0$에 넣으면 $f(g_j(x)) = 0$를 얻는다. 다음 절의 포인트 3으로부터, 만들어진 $n!$차 다항식의 영점 t에 속하는 기약인수 $\mathfrak{G}(T)$는 다항식 $f(g_j(T)) = 0$의 약수이어야 한다. Galois 분해의 기초 위에 찾으려 했던 각 치환 σ에 대하여 $\mathfrak{G}(T)$의 관련된 영점 t_σ는 $f(g_j(t_\sigma)) = 0$를 역시 만족한다. 그래서 임의의 값 $g_j(t_\sigma)$는 근 $x_1, \, \cdots, \, x_n$ 가운데 하나와 같아야 한다. 만약 그러한 두 값 $g_j(t_\sigma)$와 $g_k(t_\sigma)$가 어떤 치환 σ에 대하여 같다면 t_σ는 관련된 차의 다항식 $g_j(T) - g_k(T)$의 영점이고, 따라서 $\mathfrak{G}(T)$로 나누어떨어져야 한다. 그러므로 $g_j(t) = g_k(t)$, 즉 $x_j = x_k$이다. 요컨대, 이것은 값 $g_1(t_\sigma), \, \cdots, \, g_n(t_\sigma)$들이 $x_1, \, \cdots, \, x_n$의 한 치환

$$x_{\tau(1)} = g_1(t_\sigma), \, \cdots, \, x_{\tau(n)} = g_n(t_\sigma)$$

에 대응된다는 것을 보여준다. 그 치환 τ는 사실 치환 σ와 같다는 것을 다항식

$$T - (m_1 g_1(T) + \cdots + m_n g_n(T))$$

가 $T = t$를 영점으로 갖고, 따라서 다항식 $\mathfrak{G}(T)$로 나누어떨어지고, 그러므로 값 t_σ를 영점으로 갖는다는, 즉

$$t_\sigma = m_1 g_1(t_\sigma) + \cdots + m_n g_n(t_\sigma)$$

이라는 사실로부터 보일 수 있다. $g_1(t_\sigma), \cdots, g_n(t_\sigma)$에 대응하는 치환 τ에 대하여 $t_\sigma = t_\tau$임을 알 수 있다. 그런데 $n!$개의 가능한 t_σ의 값들이 모두 다르므로, 이 등호는 $\sigma = \tau$일 때만 성립한다. 따라서

$$x_{\sigma(1)} = g_1(t_\sigma), \cdots, x_{\sigma(n)} = g_n(t_\sigma)$$

이 성립한다. 만약 지금 어떤 다항식의 관계 $h(x_1, \cdots, x_n) = 0$가 주어지면, 다항식 $h(g_1(T), \cdots, g_n(T))$는 $\mathfrak{G}(T)$로 나누어떨어진다는 것을 바로 알 수 있다. 이것은 원하는 결과인 $0 = h(g_1(t_\sigma), \cdots, g_n(t_\sigma)) = h(x_{\sigma(1)}, \cdots, x_{\sigma(n)})$를 보여주는데, 이는 바로 다음 장에서 살펴볼 것이다.

16) 그것의 한 증명이 다항식들의 계산에 관한 다음 절의 포인트 3에 나온다.

역자 보충해설

1. Galois 분해 $t = -x_2 + x_3 - 2x_4$이 시행착오에 의해 선택되었지만 무작위로 행해지는 것은 아니다. Galois 분해의 선택 가능한 이유에 대해서는 David Cox의 저서 Galois Theory, p. 345, 연습문제 1, 2를 참고하기 바란다.

2. 저자는 시행착오에 의하여 Galois 분해로부터 얻어지는 24차 다항식

$$\mathfrak{G}(T) = \prod_{\sigma \in S_4} (T - (-x_{\sigma(2)} + x_{\sigma(3)} - 2x_{\sigma(4)}))$$

을 나누는 150쪽의 8차 기약 다항식 $\mathfrak{G}(T)$를 구하였다고 하지만, 실제 이 과정을 독자들이 따라해 보기는 매우 어렵다고 생각한다. 역자는 Mathematica를 이용하여 $\mathfrak{G}(T)$를 쉽게 구하는 다른 방법을 다음 표 10.1에서 소개한다. 다항식 $\mathfrak{G}(T)$의 전개에 필요한 사칙연산과정에서 고정밀도를 유지하도록 하여 이론적으로 보장된 정수계수를 갖는 다항식 $\mathfrak{G}(T)$를 구한다. Mathematica 프로그래밍에서 192는 소숫점이하 192자리수를 의미한다. 다항식 $\mathfrak{G}(T)$를 Mathematica로 인수분해하여 원하는 기약 다항식 $\mathfrak{G}(T)$를 구할 수 있고, 다른 두 8차 기약 다항식은 150쪽에 소개된 Galois군의 대칭군 S_4에서의 두 잉여류(coset)에 각각 대응한다.

표 10.1 컴퓨터에 의한 Galois 분해의 기약 다항식의 계산

```
a4 = N[1, 192];
a3 = N[-4, 192];
a2 = N[-4, 192];
a1 = N[8, 192];
a0 = N[-2, 192];

x1 = N[Root[a4 * #^4 + a3 * #^3 + a2 * #^2 + a1 * # + a0 &, 1], 192];
x2 = N[Root[a4 * #^4 + a3 * #^3 + a2 * #^2 + a1 * # + a0 &, 2], 192];
x3 = N[Root[a4 * #^4 + a3 * #^3 + a2 * #^2 + a1 * # + a0 &, 3], 192];
x4 = N[Root[a4 * #^4 + a3 * #^3 + a2 * #^2 + a1 * # + a0 &, 4], 192];

p = Permutations[{x1, x2, x3, x4}, {3}];
a = N[-1, 192]; b = N[1, 192]; c = N[-2, 192];
X = {10 000};
For[i = 1, i < 25, i++,
    s = a * Part[Part[p, i], 1] + b * Part[Part[p, i], 2] + c * Part[Part[p, i], 3];
    X = Join[X, {s}]];
DeleteDuplicates[X];
f = 1;
For[i = 1, i < Length[X], i++, f = f * (T - Part[X, i + 1])];
f = Expand[f];
nf = T^24;
For[i = 1, i < Length[X], i++,
    nf = nf + Round[Coefficient[f, T, Length[X] - 1 - i]] * T^(Length[X] - 1 - i)];
Print[nf]
Factor[nf]
```

$127\,912\,977\,104\,896 + 39\,405\,179\,895\,808\,T - 1\,500\,153\,931\,366\,400\,T^2 - 776\,814\,566\,834\,176\,T^3 +$
$1\,569\,472\,291\,667\,968\,T^4 + 366\,004\,622\,065\,664\,T^5 - 527\,078\,153\,846\,784\,T^6 - 94\,906\,574\,372\,864\,T^7 +$
$86\,994\,378\,592\,256\,T^8 + 16\,155\,578\,499\,072\,T^9 - 7\,954\,500\,968\,448\,T^{10} - 1\,747\,848\,822\,784\,T^{11} +$
$399\,829\,250\,048\,T^{12} + 115\,462\,213\,632\,T^{13} - 8\,955\,995\,136\,T^{14} - 4\,476\,260\,352\,T^{15} - 57\,908\,864\,T^{16} +$
$93\,967\,872\,T^{17} + 7\,237\,504\,T^{18} - 828\,672\,T^{19} - 131\,104\,T^{20} - 1408\,T^{21} + 704\,T^{22} + 48\,T^{23} + T^{24}$

$\left(72\,256 - 253\,184\,T + 22\,208\,T^2 + 34\,048\,T^3 - 928\,T^4 - 1376\,T^5 - 40\,T^6 + 16\,T^7 + T^8\right)$
$\left(-42\,752 - 35\,840\,T + 27\,392\,T^2 + 11\,008\,T^3 - 2848\,T^4 - 1088\,T^5 - 16\,T^6 + 16\,T^7 + T^8\right)$
$\left(-41\,408 - 123\,136\,T + 21\,952\,T^2 + 19\,712\,T^3 - 1440\,T^4 - 992\,T^5 - 8\,T^6 + 16\,T^7 + T^8\right)$

제10장

대수구조와 Galois 이론

Brockhaus Encyclopedia 16판의 Galois 이론에 대한 다음 표제항은 한 15세 학생으로서 5차 일반방정식이 근호에 의한 풀이를 가질 수 없는 이유를 이해하려는 저자의 성과 없는 시도와 연관된다.

"Galois 이론에 따르면, 한 방정식의 풀이는 그 방정식의 계수들의 체 K 위에 구하려는 근들을 첨가하여 형성된 체 E를 구성하는 것과 동치이다. 그 방정식의 근들의 치환 전체집합은 K의 원소들은 바꾸지 않는 E에서 그 자신으로의 함수(자기동형사상)들의 한 군을 유도한다. 자기동형사상들로 이루어진 이 군의 부분군들을 결정함으로써, 중간체들과 대응하는 부분군들을 이용하여 단계적으로 체 E를 구성하는 것이 가능하다. 이러한 방법의 장점은 덧셈과 곱셈의 두 연산을 갖는 체들 사이의 관계들이 하나의 연산을 갖는 군들 사이의 관계로 대체된다는 점이다."

Galois 이론의 이러한 기술과 이전의 장에서의 소재들 사이의 관계는 무엇인가?

10.1 이 마지막 장은 Galois 이론 위의 두 가지 관점, 즉 이전 장들의 다항식에 초점을 맞춘 '기초적' 관점과 20세기 초반에 지배적이었던 '현대적' 관점 사이의 다리역할을 하는 것이다. 이 논의과정에서 그 자체로 추상적인 대수구조에 근거한 이 현대적 관점은 그 추상성의 정도에도 불구하고, 오히려 그것 때문에, 이해하기 더 쉬운 것으로 드러났다. 그 현대이론에 대한 이 간단한 소개를 이해하고 가늠하기 위하여 독자들은 한 학기 정도의 현대대수학과 선형대수 과목을 이수하여야 하고 군(group), 정규부분군(normal subgroup), 군의 몫(quotient group), 체(field), 벡터공간(vector space), 기저(basis), 차원(degree), 준동형사상(homomorphism), 자기동형사상(automorphism) 등과 같은 개념에 익숙해야 한다. 이 책은 그러한 준비가 전체적으로나 부분적으로 되어 있지 않은 독자들을 위한 것이므로 그러한 내용의 이해를 위해 요구되는 개념적 장치는 이번 장의 과정에 필요한 만큼 대략적인 개요로 소개될 것이다.

앞 장에서와 같이, 복소수 계수 $a_{n-1}, \cdots, a_1, a_0$를 갖고 중근을 갖지 않는 n차 방정식

$$x^n + a_{n-1}x^{n-1} + a_{n-2}x^{n-2} + \cdots + a_1 x + a_0 = 0$$

과 함께 시작한다. 즉, 근 $x_1, \cdots, x_n$은 모두 다른 것으로 가정한다. 그러나 앞의 장과 비교하여 계수들의 체에 그 방정식의 근들을 첨가하여 얻은 체 확장이 최전면에 있을 것이다: 그 방정식의 계수들을 포함하는 한 체 K와 함께 시작할 것이다. 앞 장에서 했던 것처럼 이 체 K에 모든 근 $x_1, \cdots, x_n$를 첨가하여 체 $K(x_1, \cdots, x_n)$를 얻는다. 이 확장체는 K의 원소들과 근 $x_1, \cdots, x_n$의 기본 산술연산을 적용하여 생기는 수 전체집합으로 정의되었다. 나중에 알게 되겠지만, 나눗셈을 제외하더라도 같은 수들의 집합이 생기고 따라서 체 $K(x_1, \cdots, x_n)$의 임의의 수는 K에 속하는 계수를 갖는 $x_1, \cdots, x_n$에 대한 한 다항식으로 나타낼 수 있다. 마지막으로, 체 $K(x_1, \cdots, x_n)$는 주어진 방정식이 일차식으로 인수분해되는 가장 작은 체이므로 그 방정식의 **분해체**(splitting field)라고 부른다는 것을 주목한다.

10.2 체의 핵심 개념은 앞 장에서 정의하였는데, 그 목적상 그것으로 충분하였으므로 기본 사칙연산에 대하여 닫혀있는 복소수들의 집합으로 한정하였다. 지금은 좀 더 깊이 그 주제로 들어가 보려고 한다.[1] 군과 체에 관한 절에서 복소수를 넘어 체의 일반적 정의에 대해 간단히 알아보게 될 것이다.

앞 장에서 살펴보았던 것처럼, 다항 방정식의 근들은 K와 $K(x_1, \cdots, x_n)$ 사이에 놓이는 체들과 근본적으로 밀접한 관계가 있다. 따라서 앞으로 모든 그런 체들을 체계적으로 분류하고자 하는데, Galois 군의 관점에서 그 시도를 하게 될 것이다. 그러나 먼저 Galois 군의 대안적인 정의를 생각할 필요가 있다.

10.3

이제까지는 '군'이라는 단어를 'Galois 군'이라는 용어의 한 구성 부분으로 사용하여 왔다. 앞으로 치환들의 합성에 대하여 더 깊이 들어가야 할 필요가 있으므로, 다음 정리를 설명한 후에 군의 형식적인 정의를 제시할 것이다.

$\boxed{\text{정리 10.1}}$ 임의의 Galois 군은, 치환의 합성을 이항연산으로 갖는 치환들의 어떤 집합으로 생각할 때, 한 군을 이룬다.

즉, Galois 군은 다음 정의를 만족한다.

$\boxed{\text{정리 10.2}}$ 군(group)은 다음 조건을 만족하는 이항연산 $\circ$ (즉, 모든 $\sigma, \tau \in G$에 대하여 $\sigma \circ \tau \in G$가 성립하는) 이 정의되어 있는 한 집합 G로 구성된다 :

- 이항연산 $\circ$ 는 **결합법칙(associative)**을 만족한다. 즉, 임의의 σ, τ, $\nu \in G$에 대하여

$$(\sigma \circ \tau) \circ \nu = \sigma \circ (\tau \circ \nu)$$

가 성립한다.
- 집합 G는 모든 $\sigma \in G$에 대하여

$$\epsilon \circ \sigma = \sigma \circ \epsilon$$

을 만족하는 원소인 **항등원(identity element)** ϵ을 갖는다.

- G의 임의의 원소 σ는

$$\sigma \circ \sigma^{-1} = \sigma^{-1} \circ \sigma = \epsilon$$

을 만족하는 원소인 **역원**(inverse element) σ^{-1}을 갖는다.

Galois 군의 두 치환 σ와 τ의 합성 $\sigma \circ \tau$도 또한 그 Galois 군에 속한다는 것을 앞 장에서 이미 단언하였고, 이것을 여러 가지 군 연산표를 가지고 설명하였다. 이 사실에 대한 이유는 단지 Galois 군의 정의에서의 다항식들의 집합 B_K가 τ의 작용 후 σ의 작용에 의하여 그 자신으로 바뀐다는 것이다. 즉

$$(\sigma \circ \tau)(B_K) = \sigma(\tau(B_K)) \subset \sigma(B_K) \subset B_K$$

결합법칙도 쉽게 증명할 수 있다. 사실, 임의의 함수(function)와 사상(mapping)에 대하여 결합법칙이 성립한다. 따라서 Galois 군의 세 치환 σ, τ, ν와 임의의 주어진 번호 수 j에 대하여, 다음이 성립한다.

$$(\sigma \circ (\tau \circ \nu))(j) = \sigma((\tau \circ \nu)(j)) = \sigma(\tau(\nu(j)))$$
$$= ((\sigma \circ \tau) \circ \nu)(j)$$

앞으로 거의 대부분, 괄호를 꼬박꼬박 쓰지 않고, 결합법칙을 묵시적으로 이용할 것이다. 그런 '부정확한' 기호를 써도 되는 것은 결합법칙 때문이다.

Galois 군의 항등원은 임의의 번호를 바꾸지 않고 그대로 두는 치환인 항등치환이고, 이 치환이 임의의 Galois 군에 속하는 것은 분명하다.

임의의 치환 σ에 대하여 요구되는 성질을 갖는 역치환 τ가 존재하는 것은 거의 당연하다. 단순히, 임의의 번호 j에 대하여 $\tau(j) = k$로 정의한다. 여기서 번호 k는 $\sigma(k) = j$에 의하여 일의적으로 결정된다. 그러면 등식

$$\tau \circ \sigma = \sigma \circ \tau = \mathrm{id}$$

가 성립한다. 한편, Galois 군의 임의의 치환 σ에 대하여 그 역치환 $\tau =$

σ^{-1}도 반드시 그 Galois 군에 속하는지는 훨씬 덜 분명하다. 이것이 성립한다는 가장 간단한 논법은 어느 유한군에서나 거듭제곱의 수열

$$\sigma,\ \sigma^2 = \sigma \circ \sigma,\ \sigma^3 = \sigma \circ \sigma \circ \sigma,\ \cdots$$

이 같은 두 항을 포함한다는 사실을 이용하는 것이다. $p > q$인 어떤 p, q에 대하여 $\sigma^p = \sigma^q$로부터 $\sigma^{p-q} = \mathrm{id}$이므로 σ^{p-q-1}은 역원 $\tau = \sigma^{-1}$의 표현이다.

이렇게 하여 지금까지 임의의 Galois 군이 실제로 군이 됨을 보였다. 군의 더 많은 예는 군과 체의 절에서 나오게 될 것이다.

10.4 임의의 군 G가 군 연산과 역원에 대하여 닫혀있는 부분집합 U를 포함하면 U를 G의 **부분군**(subgroup)이라 부른다. 다음 정리가 필요할 것이다.

정리 10.3 유한군 G가 부분군 U를 포함하면 U의 원소의 개수 $|U|$는 군 G의 원소의 개수 $|G|$의 약수이다.

특히 Galois 군의 경우, 이 사실은 Galois에 의하여 맨 처음으로 인식되었는데, 그 이전에 Lagrange에 의하여 암묵적으로 알려졌었다.[2] 이 정리를 증명하기 위해서, 군 G의 임의의 원소 σ에 대하여

$$\sigma U = \{\sigma \circ \tau \mid \tau \in U\}$$

와 같이 정의되는 σ의 **좌 잉여류**(left coset)를 형성한다. 만약 σU의 원소인 두 곱 $\sigma \circ \tau_1$과 $\sigma \circ \tau_2$가 같으면

$$\tau_1 = \sigma^{-1} \circ \sigma \circ \tau_1 = \sigma^{-1} \circ \sigma \circ \tau_2 = \tau_2$$

이 성립한다. 이것은 임의의 잉여류가 정확히 $|U|$개의 원소를 갖는 것을 보여주며, 따라서 모든 잉여류는 같은 크기임을 알 수 있다. 또한, 잉여류

전체는 그 군의 겹치지 않는 분할을 이룬다. 이것은 두 잉여류의 교집합이 공집합이 아니면, 즉 $\sigma_1 U \cap \sigma_2 U \neq \varnothing$ 이면, $\sigma_1 \circ \tau_1 = \sigma_2 \circ \tau_2$ 를 만족하는 U 의 두 원소 τ_1, τ_2 가 존재할 것이므로

$$\sigma_1 U = \sigma_2 \circ \tau_2 \circ \tau_1^{-1} U = \sigma_2 U$$

이기 때문이다. 즉, 겹치는 두 잉여류는 실제로 하나이고 같은 것이다. 전체 군 G 는 말하자면 n 개의 같은 크기 $|U|$ 의 잉여류들의 집합으로 분할될 수 있고, 따라서 $|G| = n|U|$ 이므로 결과적으로 $|U|$ 는 $|G|$ 의 약수이다.

지금까지 살펴본 정리에 대한 방향의 결과를 두 가지로 끌어낼 수 있다.

따름정리 10.4 유한군 G 의 임의의 원소 σ 에 대하여 $\sigma^n = \epsilon$ 을 만족하는 가장 작은 양의 정수 n 은 G 의 원소의 개수 $|G|$ 의 약수이다. 이 정수 n 을 σ 의 위수(order)라 부른다.

임의의 원소 σ 에 대하여 부분군 $\{\epsilon, \sigma, \sigma^2, \cdots\}$ 를 생각하면 따름정리가 참임을 바로 알 수 있다. 이 목록에서 맨 처음 나오는 중복 $\sigma^p = \sigma^q$ 는 그 군이 유한군이므로 반드시 나타나야 하고 10.3절에서 보인 것처럼 $p = 0$ 과 $q = n$ 에 대하여 성립하고, 즉 $\epsilon = \sigma^n$ 이다. 그러면 그 부분군은 정확히 n 개 의 원소를 갖고 그 개수는 $|G|$ 의 약수이다.

따름정리 10.5 소수 n 에 대하여, n 개의 원소를 갖는 군은 적절히 선택된 원소 σ 에 대하여 $\{\epsilon, \sigma, \sigma^2, \cdots, \sigma^{n-1}\}$ 와 같이 완전히 나타낼 수 있다. 이 러한 군을 위수(order) n 의 순환군(cyclic group)이라고 한다.

이 따름정리의 타당성은 쉽게 보일 수 있다. 단지 항등원과 다른 한 원소 σ 를 선택한 다음, 부분군 $\{\epsilon, \sigma, \sigma^2, \cdots, \sigma^{k-1}\}$ 을 생각한다. 여기서 k 는 σ 의 위수이다. $k > 1$ 이고 k 는 소수 n 의 약수이므로 $k = n$ 이 성립하고, 그 부분군은 사실 전체 군이다.

10.5 이제 우리는 지금까지 배운 지식을 사용하여 이전 장에서 살펴보았던 것을 확장하려고 한다. 생각하고 있는 체 K가 체 L로 확장되는 상황과 함께 시작해보자. 결과적으로 생기는 다항식들의 집합 B_K의 다항식들의 집합 B_L으로의 확장은, 앞의 장에서 살펴본 것처럼 그 Galois 군의 축소를 초래한다. 뿐만 아니라 이 확장이 한 부분군을 이끌어내고, 따라서 그 Galois 군의 원소의 수는 앞 장에서 여러 가지 예를 통하여 살펴본 것처럼 그 약수 중 하나로 줄어들어야 한다는 것을 추가한다.

군과 체

군의 개념은 합성을 연산으로 갖는 치환들의 집합을 훨씬 넘어서 확장된다. 여기서 군의 몇 가지 예를 든다.

- 덧셈에 대하여, 정수 전체 $\mathbb{Z}$
- 덧셈에 대하여, 유리수 전체 $\mathbb{Q}$, 실수 전체 $\mathbb{R}$, 복소수 전체 $\mathbb{C}$
- 곱셈에 대하여, 영을 제외한 유리수 전체 $\mathbb{Q}^{\times}$, 영을 제외한 실수 전체 $\mathbb{R}^{\times}$, 영을 제외한 복소수 전체 $\mathbb{C}^{\times}$
- 성분별 덧셈에 대하여, n차원 실벡터공간 $\mathbb{R}^n$
- 덧셈에 대하여, $n \times m$ 실행렬 전체 집합
- 행렬곱셈에 대하여, 행렬식 값이 영이 아닌 $n \times n$ 실행렬 전체 집합
- 중심이 원점인 한 플라톤 입체 (정다면체)의 꼭짓점 집합을 보존하는 사상을 나타내는, 행렬식 값이 영이 아닌, 3×3 실행렬 전체 집합. 이 대칭변환들의 연산은 행렬의 곱으로, 사상들의 합성과 동치이다.
- $n \geq 2$인 자연수 n에 대하여, n에 대한 나머지들의 집합 $\{0, 1, 2, \cdots, n-1\}$은 'modulo n 덧셈'에 대하여 군을 이룬다. 왜냐하면, 예를 들어 $n = 3$에 대하여 다음 세 개의 잉여류

$$\{0, 3, \cdots, -3, -6, \cdots\}$$
$$\{1, 4, \cdots, -2, -5, \cdots\}$$

$$\{2,\ 5,\ \cdots,\ -1,\ -4,\ \cdots\}$$

로부터 어느 수를 선택하여 더하든 차이가 없기 때문이다. 결과의 잉여류는 두 잉여류의 선택에만 의존하고 선택된 수와는 관계없다. 이 결과의 군을 위수 n의 순환군(cyclic group)이라고 하고 $\mathbb{Z}/n\mathbb{Z}$로 나타낸다. 군 $\mathbb{Z}/n\mathbb{Z}$의 원소, 즉 잉여류를 'modulo n 잉여류'라고 한다. 우리는 이미 이 군을 동형인 1의 n차 제곱근들의 군으로서 알고 있다.

- 소수 n에 대하여, n으로 나누어 얻어진 잉여류들에서 영을 포함하는 잉여류를 제외한 것은 곱셈에 대하여 군을 이룬다.

곱셈에 대한 행렬군, 플라톤 입체에 대한 대칭변환군, 치환군을 제외하고, 여기서 언급하는 모든 군은 군 연산이 가환적인(commutative) 가환군이다. 즉, 군의 임의의 원소 σ, τ에 대하여 $\sigma \circ \tau = \tau \circ \sigma$가 성립한다.

체(field) K는 $+$(덧셈)과 $\cdot$(곱셈)으로 표시하는 다음 조건을 만족하는 두 연산을 갖는 한 집합 K이다.

- 체 K는 덧셈에 대하여 가환군이다. 항등원은 0으로 나타낸다.
- 집합 $K \setminus \{0\}$는 곱셈에 대하여 가환군이다. 항등원은 1로 나타낸다.
- 분배법칙(distributive law)이 성립한다. 즉, K의 임의의 세 원소 x, y, z에 대하여 등식 $x \cdot (y+z) = x \cdot y + x \cdot z$가 성립한다.

가장 익숙한 체의 예는 보통의 덧셈과 곱셈에 대한 유리수 전체 집합 $\mathbb{Q}$, 실수 전체 집합 $\mathbb{R}$, 복소수 전체 집합 $\mathbb{C}$이다. 다른 한 예는 유리수체에 복소수 a, b, c, $\cdots$를 첨가하여 만들어진 체 $\mathbb{Q}(a,\ b,\ c,\ \cdots)$이다.

또 다른 한 예는 변수 X_1, $\cdots$, X_n에 대한 유리함수의 체이다. 그런 함수는 분모와 분자가 변수 X_1, $\cdots$, X_n에 대한 다항식인 분수 꼴의 함수이다. 물론, 분모는 영이 아닌 다항식이어야 될 것이다.[3] 변수 X_1, $\cdots$, X_n에 대한 기본다항식들로 대체된, A_1, $\cdots$, A_n으로 나타내는 변수에 대한 유리함수들만을 허용하여 한 부분체를 얻는다.[4] 이 부분체를 유리함수 전체의 체로 확장하는 것은 체와 그들의 자기동형사상의 관점에서의 일반다항식의 연구에 대한 토대를 이룬다.

앞에서 주어진 군의 예들 가운데 유한체를 찾을 수 있다. 소수 n에 대하여, $\mathbb{Z}/n\mathbb{Z}$는 체이다. 다른 체와 비교하여 유한체는 다음 성질을 갖는다: 곱셈에 대한 항등원 1의 n겹의 합은 0이다. 이런 경우에 유한 **표수**(finite characterstic) 또는 **표수 n**을 갖는다고 하고, 다른 경우에는 복소수체의 모든 부분체에 해당되는 것으로 **표수 0**을 갖는다고 한다. 약간의 수정과 함께 유한체와 복소수 전체에 포함되지 않는 다른 체에 대한 Galois 이론을 전개할 수 있으며, 그 결과는 유리수체의 확장에 대한 Galois 군의 계산에 도움이 될 수 있다.

10.6 다음에 살펴보려는 것은 자기동형사상의 개념이다. 먼저, 약간의 동기부여와 함께 시작한다. 자기동형사상의 개념은 앞서 방정식에 적용했던 Galois 군의 특성화를 K에서 $K(x_1, \cdots, x_n)$로의 확장에 대해 할 수 있게 한다. 특히, K의 원소를 계수로 갖는 두 방정식이 같은 분해체를 가지면 같은 Galois 군을 갖는다.

지금까지 Galois 군의 원소들은 전적으로 근들의 치환들로 간주하여 왔다. 그러나 Galois와 그 이전에 Lagrange는, 이들 치환은 근 $x_1, \cdots, x_n$에 관한 한 다항식에 의하여 표현될 수 있는 각 값을 또 하나의 그러한 값으로 대응시키는 함수로 볼 수 있다는 사실을 아주 많이 이용하였다. 이렇게 하여, 다항식 $h(X_1, \cdots, X_n)$가 바탕체 K에 속하는 계수와 함께 주어진다면 Galois 군에 속하는 임의의 원소 σ에 대하여

$$\sigma\big(h(x_1, \cdots, x_n)\big) = h\big(x_{\sigma(1)}, \cdots, x_{\sigma(n)}\big)$$

으로 정의한다. 예를 들어 $z = x_2^2 - x_1 x_2 x_3$로 표현되는 수 z에 함숫값

$$\sigma(z) = x_{\sigma(2)}^2 - x_{\sigma(1)} x_{\sigma(2)} x_{\sigma(3)}$$

가 지정된다. 일반적으로, 다항식 표현 $z = h(x_1, \cdots, x_n)$은 당연히 결코 일의적이지 않지만, 주어진 $\sigma(z)$의 정의는 단지 그 다항식 표현에 독립적이기 때문에 의미를 갖는다. 즉, 두 다항식 h_1과 h_2가 같은 값

$$h_1(x_1, \cdots, x_n) = h_2(x_1, \cdots, x_n)$$

을 가지면 이 두 다항식의 차는 앞 장에서 Galois 군을 정의하는 데 사용된 집합 B_K에 속한다. 사실, B_K에 속하는 차(difference)에 대하여 등식

$$h_1(x_{\sigma(1)}, \cdots, x_{\sigma(n)}) = h_2(x_{\sigma(1)}, \cdots, x_{\sigma(n)})$$

가 성립하도록 Galois 군을 정의하여, 그 결과 $\sigma(z)$의 값을 h_1이나 h_2가운데 어느 것을 이용하여 정의하든지 차이가 없다.

이렇게 하여, 주어진 정의와 함께 Galois 군에 속하는 치환의 정의를 집합 $\{x_1, \cdots, x_n\}$ 위에서 근 $x_1, \cdots, x_n$에 관한 다항식들에 의하여 표현 가능한 값들의 집합 위로까지 확장할 수 있었다. 비록 증명은 하지 않았지만, 이 집합이 분해체 $K(x_1, \cdots, x_n)$임을 이미 언급하였다. 그러나 이러한 증명되지 않은 사실을 언급하지 않더라도, Galois 군에 속하는 치환들에 대하여 근 $x_1, \cdots, x_n$에 관한 다항식들에 대한 유리함수를 허용한다면, 분해체 $K(x_1, \cdots, x_n)$ 전체로의 정의역의 확장을 얻을 수 있다. 앞으로 알게 되겠지만, $y \neq 0$일 때는 항상 $\sigma(y) \neq 0$이므로 분모가 영이 되는 문제는 일어나지 않는다.

이러한 확장된 치환은 이제 그 정의 영역의 관점에서 체의 자기동형사상의 개념으로 얻고자 하는 성질들을 만족한다. 먼저, 근 $x_1, \cdots, x_n$에 관한 다항식으로 표현될 수 있는 임의의 두 값 y와 z에 대하여 성립하는 다음

두 항등식을 확장된 치환의 정의로부터 바로 알 수 있다.

$$\sigma(y+z) = \sigma(y) + \sigma(z),$$
$$\sigma(yz) = \sigma(y)\sigma(z)$$

더 어려운 점은 $y = 0$일 때만 $\sigma(y) = 0$이고 그 사상이 가역적임을 증명하는 것이다.[5]

마지막으로, 모든 $y \in K$에 대하여 $\sigma(y) = y$이다. 이것을 보이기 위하여, 치환 σ의 값 $\sigma(y)$를 결정하도록 단지 상수 다항식 $h(X_1, \cdots, X_n) = y$를 선택하기만 하면 된다.

네 개의 주어진 성질은 또한 역으로 그 Galois 군에 속하는 치환을 결정하는 데 쓸모가 있다는 것이 중요하다. σ로 표시하고 $K(x_1, \cdots, x_n)$에서 정의되는 주어진 한 함수(이 문맥상으로는 보통 사상(mapping)이라고 하는)에 대하여, 본래의 방정식의 양변에 σ를 사용할 수 있다. 따라서 $i = 1, \cdots, n$에 대하여

$$\sigma(x)^n + a_{n-1}\sigma(x)^{n-1} + \cdots + a_1\sigma(x) + a_0 = 0$$

를 얻는다. 즉, $\sigma(x_j)$는 역시 그 방정식의 근이다. $j \neq k$에 대하여

$$\sigma(x_j) - \sigma(x_k) = \sigma(x_j) + \sigma(-1)\sigma(x_j) = \sigma(x_j - x_k) \neq 0$$

이므로 $\sigma(x_1), \cdots, \sigma(x_n)$은 모두 다르다. 따라서 실제로 근들의 치환을 다루고 있는 것이다. $h(x_1, \cdots, x_n) = 0$이고 체 K에 속하는 계수를 갖는 다항식 $h(X_1, \cdots, X_n)$에 대하여

$$h(\sigma(x_1), \cdots, \sigma(x_n)) = \sigma(h(x_1, \cdots, x_n)) = 0$$

를 얻는다. 그러므로 그 함수 σ에 의하여 정의되는 치환은 사실 그 Galois 군에 속한다.

이 동치개념의 증명을 완성하며, 우리는 Galois 군의 세 번째 특성화를 얻게 되었다. 제9장의 Galois 군의 계산에 관한 절에서 기술하였던, 다항식의 집합 B_K와 Galois 분해에 의한 원래의 정의에 더하여 다음 정리를 얻는다.

정리 10.6 체 K 위의 계수를 갖는 주어진 방정식의 Galois 군은, 체 K의 모든 원소를 바꾸지 않고 남겨두는 분해체 $K(x_1, \cdots, x_n)$의 모든 자기동형사상들의 집합인, $\mathrm{Aut}(K(x_1, \cdots, x_n)|K)$로서 얻어질 수 있다.

자기동형사상이라는 용어는 다음과 같이 정의된다.

정리 10.7 체 L의 자기동형사상(automorphism)은 임의의 값 $y \in L$를 값 $\sigma(y) \in L$에 대응시키는 다음 조건을 만족하는 가역(invertible) 사상 σ이다:

$$\sigma(y+z) = \sigma(y) + \sigma(z),$$
$$\sigma(yz) = \sigma(y)\sigma(z)$$

Galois 군의 이 세 번째 특성화에서 본래 방정식은 근 $x_1, \cdots, x_n$에 관한 K의 $K(x_1, \cdots, x_n)$로의 체 확장의 형태로 암묵적으로만 나타난다. 앞에서 이야기했던 것으로, K의 원소를 계수로 갖고 분해체가 같은 두 방정식은 자동적으로 같은 Galois 군을 갖는다. 오늘날 일반적으로 Galois 군의 '공식' 정의로 여겨지는 이 세 번째 특성화의 또 하나의 장점은 그것의 보편성이다. 분해체에 대응하지 않는 체의 확장들에 대해서 자기동형사상을 연구할 수 있다. 이 경우, 여기서 우리에게 필요한 성질들을 부분적으로만 얻을 수 있을지 모른다.

10.7 우리는 지금 Galois 군의 성질을 조사하려고 한다. 지금부터 Galois 군의 정의를 자기동형사상들의 한 군 $G = \mathrm{Aut}(K(x_1, \cdots, x_n)|K)$로 채택할 것이고, 따라서 더 이상 방정식의 근들이 모두 다르다는 것을 가

정할 필요가 없다.

우리가 유도하려는 중요한 세 가지 정리 가운데 맨 처음 것은 근본적으로 Galois에 의하여 알려졌던 것이다.

정리 10.8 체 K의 원소를 계수로 갖는 방정식의 모든 근 $x_1, \cdots, x_n$를 K에 첨가하면 Galois 군의 모든 자기동형사상에 의하여 바뀌지 않고 남아있는 분해체 $K(X_1, \cdots, X_n)$의 값들의 집합은 체 K이다.

따라서 우리는 Galois 군에 속하는 모든 자기동형사상 σ에 대하여 $\sigma(z) = z$인 값 z가 체 K에 속하는 것을 보일 필요가 있다. 원분방정식을 풀이하는 특수한 경우에 이미 그 증명에 필요한 논법을 이미 알고 있다.[6]

10.8 구체적인 예와 함께 이론적 논의를 강화할 수 있는 적당한 때이다. 2차 방정식

$$x^2 - 6x + 1 = 0$$

에 대하여, 두 근은 유리수 체 $\mathbb{Q}$를 체

$$\mathbb{Q}(\sqrt{2}) = \{a + b\sqrt{2} \mid a, b \in \mathbb{Q}\}$$

로 확장하기 위하여 필요하다.

그 Galois 군은 두 치환으로 구성되는데 그 중에서 항등치환이 아닌 치환 σ_1은 두 근 $3 \pm 2\sqrt{2}$을 서로 바꾼다. 그것은 $a, b \in \mathbb{Q}$에 대하여

$$\sigma(a + b\sqrt{2}) = a - b\sqrt{2}$$

인 사상으로 확장된다.

우리는 이 예를 사용하여 자기동형사상의 다른 해석을 제안하려고 한다.

즉, Galois 군의 자기동형사상들은 바탕체 K 위에 정의된 한 벡터공간(vector space)으로 간주되는 확장체의 **선형변환**(linear transformation)이다. 이 개념에 익숙한 독자들은 무엇을 의미하는지 확실히 이해할 것이다. 벡터나 어쩌면 행렬에 대한 좌표에 의한 계산과 해석기하학에 대한 어느 정도의 지식을 갖고 있는 나머지 독자들에게는 기저(basis) $\{1, \sqrt{2}\}$에 관한 벡터 표현

$$\sigma_1\left[\begin{pmatrix} a \\ b \end{pmatrix}\right] = \begin{pmatrix} 1 & 0 \\ 0 & -1 \end{pmatrix}\begin{pmatrix} a \\ b \end{pmatrix} = \begin{pmatrix} a \\ -b \end{pmatrix}$$

을 더 권할 만하다. 그럼에도 불구하고, 그런 좌표에 의한 표현은 단지 약간의 강조를 위해서만 쓸모가 있다는 사실에 역점을 두어야 한다. 선형대수로부터의 구조적 개념을 이용하는 장점은 항상 특별한 기저의 선택에 달려있는 그런 세세한 표현을 피할 수 있다는 데 있다. 중요한 것은 단지 그런 표현이 존재한다는 것과 한 기저에 있는 원소의 개수는 특별한 선택에 독립적이라는 것이다. **차원**(dimension)이라고 알려진 벡터공간의 이 불변량은 물론 임의의 다른 체의 확장과 관련이 있는데, 그 확장체의 **차수**(degree)라고 한다. 그러면 다음 정의를 살펴보자.

정리 10.9 바탕체 K의 확장체 E의 차수는 K 위의 벡터공간으로서 E의 기저의 크기인 자연수 m과 같다. 즉, E의 임의의 값을 체 K로부터의 값 (좌표) $k_1, \cdots, k_m$을 갖는

$$k_1 e_1 + \cdots + k_m e_m$$

과 같은 형태로 꼭 한 가지 방법으로 나타낼 수 있는 E에 속하는 m개의 값 $e_1, \cdots, e_m$가 존재한다.[7]

예를 들어 $\mathbb{Q}$의 확장체 $\mathbb{Q}(\sqrt{2})$의 차수는 2와 같다. 또 다른 한 예는 1의 5차 제곱근 $\zeta = \cos\left(\dfrac{2\pi}{5}\right) + i\sin\left(\dfrac{2\pi}{5}\right)$를 첨가하여 얻은 $\mathbb{Q}(\zeta)$이다. $\mathbb{Q}(\zeta)$의 $\mathbb{Q}$로부터의 차수가 4임을 보이기 위하여 제7장과 제9장에서 이미 살펴보았던 방정식

$$x^4 + x^3 + x^2 + x + 1 = 0$$

를 생각하자. 이 방정식의 네 개의 근은 1의 복소수 5차 제곱근 ζ, ζ^2, ζ^3, ζ^4이다. 그 벡터공간의 기저는 네 개의 값 ζ, ζ^2, ζ^3, ζ^4이다. 이 네 개의 값들이 실제로 기저를 이룬다는 것의 증명은 사용된 그 논법이 쉽게 일반화될 수 있기 때문에 가장 유익한 것이다. 먼저, 유리수와 근 ζ에 관한 다항식으로 나타낼 수 있는 임의의 수는 유리계수 k_0, k_1, $\cdots$를 갖는

$$k_0 1 + k_1 \zeta + \cdots + k_s \zeta^s$$

와 같은 형태로 나타낼 수 있음을 관찰한다. 그러나

$$\zeta^4 = -1 - \zeta - \zeta^2 - \zeta^3$$

이므로, $k_4 = k_5 = \cdots = 0$인 표현을 항상 찾을 수 있다. 이 경우에 계수 k_0, k_1, k_2, k_3는 일의적으로 결정된다. 그 이유는 만약 그렇지 않으면, 즉 하나의 같은 값에 대하여 두 개의 다른 좌표 표현이 있다면 근 ζ에 대하여 차수가 많아야 3인 유리계수 다항식을 가지기 때문이다. 위의 4차 다항식은 기약(irreducible)이고, 이들 근 가운데 어느 것도 더 낮은 차수의 방정식의 근이 될 수 없다.(정리 0.7 참조)

이제, 집합

$$\left\{ k_0 + k_1 \zeta + k_s \zeta^3 \mid k_0,\ k_1,\ k_2,\ k_3 \in \mathbb{Q} \right\}$$

가 나눗셈에 대하여 닫혀있음을 보이기만 하면 되는데, 그러면 이 집합이 실제로 체 $\mathbb{Q}(\zeta)$이다. 사실, 두 유리계수 다항식 $f(X)$와 $g(X)$에 대하여, 만약 $g(\zeta) \neq 0$이면

$$\frac{f(\zeta)}{g(\zeta)} = \frac{f(\zeta)\, g(\zeta^2)\, g(\zeta^3)\, g(\zeta^4)}{g(\zeta)\, g(\zeta^2)\, g(\zeta^3)\, g(\zeta^4)}$$

이 성립한다.

이 등식의 오른쪽의 분수식은 원하는 $k_0 1 + k_1 \zeta + k_2 \zeta^2 + k_3 \zeta^3$ 형태의 표현을 갖는다. 왜냐하면 분모가 유리수이기 때문이다. 이것을 보이기 위하여, $g(\zeta) = k_0 1 + k_1 \zeta + k_2 \zeta^2 + k_3 \zeta^3$ 꼴의 수에 대하여, 분모의 곱을 전개해보면 된다. 다행스럽게도, 우리가 다음 절에서 살펴볼 일반적으로 타당한 논법을 사용한다면 이러한 지루한 계산을 피할 수 있다.

10.9 지금까지 체 $\mathbb{Q}(\zeta)$에 대하여 우리가 규명해 왔던 결과를 일반화하기 위하여 다음 정리를 증명하려고 한다.

정리 10.11 체 K에 대하여, K에 속하는 계수를 갖는 한 방정식의 모든 근 $x_1, \cdots, x_n$을 첨가하여 얻은 확장 체의 차수는 Galois 군

$$G = \mathrm{Aut}(K(x_1, \cdots, x_n) | K)$$

의 원소의 개수인 $|G|$와 같다.

이 정리를 증명하기 위하여, 체 $\mathbb{Q}(\zeta)$에 대하여 사용한 것과 뚜렷하게 대응되는 유사개념인 Galois 분해 t를 사용하는 논법을 쓰기로 한다. 그래서 체 $K(x_1, \cdots, x_n)$의 임의의 값은 모두 계수 $k_0, k_1, \cdots, k_m$이 전부 체 K에 속하는 $k_0 + k_1 t + \cdots + k_m t^m$ 형태를 분모와 분자로 취하는 분수 꼴로 나타낼 수 있다. 더구나 $|G|$는 t를 근으로 갖는 다항식 $\mathfrak{G}(T)$의 차수이므로, 최고 차수 m은 값 $|G| - 1$로 제한될 수 있다. 이제 남은 것은 임의의 그런 분수 꼴이 t에 관한 다항식으로 표현될 수 있다는 것을 보이는 것이다. 이것을 위해, $|G|$-차원 K-벡터공간

$$K[t] = \left\{ k_0 + \cdots + k_{|G|-1} t^{|G|-1} \mid k_0, k_1, \cdots, k_{|G|-1} \in K \right\}$$

에서 원소 $g(t) \in K[t]$의 곱으로 정의되는 관련사상

$$h(t) \in K[t] \mapsto g(t) h(t)$$

를 생각하자. 이 사상은 선형이다. 더구나 이 곱으로의 사상에 대한 해석은 $g(t) \neq 0$인 경우에 영이 아닌 어떤 원소도 영에 사상될 수 없다는 것을 보여준다. 연립일차방정식에 대한 선형대수학의 결과로부터 $K[t]$의 임의의 원소는 역상을 갖고, 여기서 특히 수 1의 역상은 수 $\dfrac{1}{g(t)}$이다. 이 역상은 t에 관한 다항식으로 $g(t)$를 분모에 갖는 표현을 가능하게 해주며, 그 결과로 분해체 $K(x_1, \cdots, x_n)$의 임의의 값은 Galois 분해 t에 관한 다항식으로 표현될 수 있다.

또한 $t = m_1 x_1 + \cdots + m_n x_n$를 생각하면 분해체 $K(x_1, \cdots, x_n)$의 임의의 원소는 $x_1, \cdots, x_n$에 관한 다항식으로 나타낼 수 있다. 이렇게 하여 그 근을 첨가할 때 나눗셈 없이 수행할 수 있다. 이전에 증명 없이 언급되었던 이 사실은 이제 증명되었다.

10.10
Galois 군과 기초하는 체 확장과의 밀접한 관계는 이제 다음 정리로 확장될 것이다.

정리 10.12 │ 체 K에 속하는 계수를 갖는 한 방정식의 모든 근 $x_1, \cdots, x_n$를 첨가하면 그 결과의 분해체 $K(x_1, \cdots, x_n)$에서, Galois 군 $G = \mathrm{Aut}(K(x_1, \cdots, x_n)|K)$의 부분군 U에 속하는 임의의 자기동형사상의 작용에 의해 바뀌지 않고 남아있는 값들의 집합은 U가 Galois 군 전체일 때만 K와 같다.

체 K의 모든 원소는 부분군 U에 속하는 모든 자기동형사상에 의하여 변하지 않고 남아 있다는 것은 분명하다. 그러나 중요한 것은 그 역이다. 즉, 부분군 U에 속하는 임의의 자기동형사상에 의하여 바뀌지 않고 남아있는 원소가 체 K 밖에 없다면 이 부분군은 전체 Galois 군이다. 다르게 말하자면, 전체 Galois 군의 임의의 진부분군은 체 K 밖에 있는 어떤 원소를 바꾸지 않고 그대로 둔다는 것이다.

이 정리를 증명하기 위하여, 체 K의 모든 원소들이 그 부분군에 속하는 모든 자기동형사상에 의하여 바뀌지 않고 남아있는 확장체 $K(x_1, \cdots, x_n)$의 원소전체가 되는 Galois 군의 부분군 U와 함께 시작한다. Galois 분해 t와 함께 다항식

$$\Pi_{\sigma \in U}(X - \sigma(t))$$

를 만든다. 부분군 U에 속하는 자기동형사상 τ를 이 다항식의 계수들에 적용하면 이것은 일차인수의 치환에 대응하므로 그 계수들은 바뀌지 않고 남아있다.[8] 이 다항식의 계수들은 U에 속하는 모든 자기동형사상에 의하여 바뀌지 않고 남아있으므로, 가정에 의하여 체 K에 속해야만 한다. 만약 U가 진부분군이라면 Galois 분해 t는 K에 속하는 계수를 갖고 차수가 Galois 군의 원소의 개수 $|G|$보다 더 작은 한 방정식의 근이고, 이것은 Galois 분해 t가 Galois의 설계에 따르면 K 위의 차수가 $|G|$인 기약다항식인 $\mathfrak{G}(T)$의 근이라는 사실에 위배된다.

9.8절에서 주목했던, 임의의 기약방정식의 Galois 군 G가 항상 그 근들에 추이적(tranisitive)으로 작용한다는 사실, 즉 임의의 근 x_j, x_k의 짝에 대하여 $\sigma(x_j) = x_k$인 Galois 군에 속하는 자기동형사상 σ가 존재한다는 것을 증명하는 데 아주 비슷한 추론의 방향이 이용될 수 있다.[9]

10.11

10.7과 10.9, 10.10의 세 정리와 함께 이제 몇 번의 짧은 타격으로 Galois 이론의 기본정리를 증명할 수 있다. 지금까지 우리가 살펴본 것으로 볼 때 놀라운 것은 이 정리가 한 방정식을 근호로 풀 수 있는지 없는지에 대한 문제와 직접적인 관련이 없다는 것이다. 차라리 이 정리는 Galois 군의 부분군들과 K와 $K(x_1, \cdots, x_n)$ 사이에 있는 체들과의 일대일 대응을 확립하는 것이다. 그 때문에 이 기본정리는 이전의 장에서 살펴본 모든

관찰이나 예를 넘어서 일관성 있는 하나의 이론을 만든다. 예를 들어, 제9장의 그림 9.1을 보면 임의의 유한군의 부분군을 찾는 것은 상대적으로 쉬운 ─사실, 최악의 경우 유한 개의 가능성을 일일이 시도할 수 있는─ 일이므로 Galois 이론의 기본정리로부터 중간체들의 완전한 분류를 얻을 수 있다. 특별한 경우에 근의 첨가에 의하여 생기는 중간체들에 대한 직접적인 정보를 얻는 것이 가능하다.

이제 우리는 Galois 이론의 기본정리를 기술한다.

정리 10.13 복소수들의 임의의 부분체 K에 대하여, 계수가 K에 속하는 방정식의 모든 근을 K에 첨가하여 얻어진 체 확장의 Galois 군, 즉 바탕체 K를 고정하여 남기는 체 $K(x_1, \cdots, x_n)$의 모든 자기동형사상들의 군

$$G = \mathrm{Aut}\,(K(x_1, \cdots, x_n)\,|\,K)$$

는 아래에 열거한 성질을 갖는다. 자세히 말하면, 이 성질들은

$$K \subset L \subset K(x_1, \cdots, x_n)$$

를 만족하는 중간체 L들과 이러한 체와 관련된, 즉 L의 임의의 원소들을 고정하는 Galois 군에 속하는 모든 자기동형사상들로 이루어진 군

$$\mathrm{Aut}\,(K(x_1, \cdots, x_n)\,|\,L)$$

에 관한 것이다.

(1) 부분군 $\mathrm{Aut}\,K(x_1, \cdots, x_n)\,|\,K)$를 중간체 L에 관련짓는 함수는 중간체들과 Galois 군 G의 부분군들 사이의 일대일 대응사상을 이룬다.

(2) L에서 $K(x_1, \cdots, x_n)$로의 확장체의 차수는 Galois 군의 관련된 부분군 $\mathrm{Aut}\,(K(x_1, \cdots, x_n)\,|\,L)$에 속하는 원소들의 개수와 같다. 이것은 L의 임의의 원소들을 고정하는 모든 자기동형사상들의 개수이다.

(3) 계수가 K에 속하는 어떤 방정식에 대하여, 모든 근 $y_1, \cdots, y_m$이 모

두 체 $K(x_1, \cdots, x_n)$에 속할 때, 중간체 $L = K(y_1, \cdots, y_m)$이 y_1, $\cdots$, y_m을 K에 첨가하여 얻어지면 Galois 군 $\mathrm{Aut}(L|K)$는

$$|G| / |\mathrm{Aut}(K(x_1, \cdots, x_n)|L)|$$

개의 자기동형사상을 포함한다. 이렇게 하여, G에 속하는 모든 동형사상의 정의역 $K(x_1, \cdots, x_n)$을 중간체 $L = K(y_1, \cdots, y_m)$로 제한함으로써 이 Galois 군 $\mathrm{Aut}(L|K)$의 모든 자기동형사상을 얻을 수 있다.

Galois 이론의 기본정리의 증명은 기본적으로 이미 10.7절과 10.9절, 10.10절에서 증명했던 정리들을 이용하여 이루어진다.

$$\begin{array}{ccc}
K(x_1, \cdots, x_n) & & \{\mathrm{id}\} \\
\cup & & \cap \\
\vdots & & \vdots \\
\cup & & \cap \\
L & \overset{1:1}{\longleftrightarrow} & U = \mathrm{Aut}\big(K(x_1, \cdots, x_n) \,|\, L\big) \\
\cup & & \cap \\
\vdots & & \vdots \\
\cup & & \cap \\
K & & G = \mathrm{Aut}\big(K(x_1, \cdots, x_n) \,|\, K\big)
\end{array}$$

그림 10.1 Galois 이론의 기본정리 : 중간체, 즉 $K \subset L \subset K(x_1, \cdots, x_n)$를 만족하는 체인 L들은 Galois 군 $G = \mathrm{Aut}(K(x_1, \cdots, x_n) \,|\, K)$의 부분군 U들과 일대일 대응관계에 있다.

이 세 정리를 이용하여, 임의의 중간체 L의 체 $L(x_1, \cdots, x_n) = K(x_1, \cdots, x_n)$로의 확장에 대하여 조사해보자. 먼저, 체 L은 K의 한 확장체이고 동시에 $K(x_1, \cdots, x_n)$의 어떤 부분체이므로, 체 $L(x_1, \cdots, x_n)$와 $K(x_1, \cdots, x_n)$가 같음을 주목할 필요가 있다.

이러한 관찰과 함께 이제 논지를 바꾸어, 정리에서 주장의 한 부분, 즉 중간체 L은 관련된 부분군 $\mathrm{Aut}(K(x_1, \cdots, x_n)|L)$에 의하여 일의적으로 결정된다. 즉 그 사상이 단사라는 것은 분명하다. 이것은 정리 10.8의 결과로,

$$\mathrm{Aut}(K(x_1, \cdots, x_n)|L)$$

에 속하는 모든 자기동형사상에 의하여 고정되는 체 $K(x_1, \cdots, x_n)$의 모든 원소들의 집합으로 L을 규정할 수 있기 때문이다. 그 사상이 사실 전단사 (bijective mapping)임을 보이기 위하여 Galois 군의 임의의 부분군 U에 대하여 대응하는 중간체 L이 존재하는 것, 즉 이 사상이 전사임을 보여야 한다. 요구되는 성질인

$$U = \mathrm{Aut}(K(x_1, \cdots, x_n)|L)$$

을 만족하는 체 L을 U의 모든 원소에 의하여 고정되는 $K(x_1, \cdots, x_n)$의 모든 원소들을 취하여 만들 수 있다. 즉,

$$L = \{\, z \in K(x_1, \cdots, x_n) \mid \text{모든 } \sigma \in U \text{에 대하여 } \sigma(z) = z \,\}$$

이렇게 정의된 집합 L이, 사실 체라는 것은 L의 원소의 임의의 짝에 대하여 그 합, 곱, 몫과 차들이 모두 또 L에 속한다는 것을 확인하여 쉽게 보일 수 있다. 이러한 해석상의 이유 때문에 이것을 **고정체**라고 부른다. 고정체 L은 체 K를 포함하고 $K(x_1, \cdots, x_n)$의 부분체라는 것은 분명하다. 또한 다음 주요한 사실을 알 수 있다: 이렇게 만들어진 중간체 L에 대응하는 군

$$\mathrm{Aut}(K(x_1, \cdots, x_n)|L)$$

은 군 U를 포함한다. 이것은 U에 속하는 임의의 자기동형사상이 L의 모든 원소를 고정하기 때문이다. 또한 이 부분군은 체 L의 구성에 의하여 L의 원소들만 그 부분군의 모든 자기동형사상에 의하여 고정되는 성질을 갖는다. 정리 10.12에 따르면 이것은 부분군 U는 전체 $\mathrm{Aut}(K(x_1, \cdots, x_n)|L)$와 반드시 같은 결과를 갖는다.

기본정리의 둘째 부분은 L의 확장 $K(x_1, \cdots, x_n)$에 정리 10.11을 적용하여 바로 얻어진다.

기본정리의 세 번째 부분을 위하여, 이전 장에서 여러 예를 통하여 조사해온 분해방정식의 모든 근들이 체 K에 첨가되었을 때의 상황을 참조하도록 한다. 그런 중간체 L의 모든 원소들은 Galois 군 G에 있는 모든 자기동형사상 σ들에 대한 특별한 조건 때문에 다시 L에 사상된다. 이것을 보이기 위해, Galois 군

$$G = \mathrm{Aut}(K(x_1, \cdots, x_n)|K)$$

의 그런 자기동형사상 σ를 중간체 L의 기초가 되는 방정식의 양변에 적용하기만 하면 된다. 이것은 σ에 의하여 근 y_j들의 각각이 또 하나의 근 $\sigma(y_j)$로 대응된다는 것을 보여준다.

체 L은 Galois 군 G의 모든 원소에 의하여 그 자신에 사상되므로, G에 속하는 임의의 자기동형사상에 대하여 그 정의역을 $K(x_1, \cdots, x_n)$에서 중간체 $L = K(y_1, \cdots, y_m)$로 제한할 수 있고 이렇게 하여 $\mathrm{Aut}(L|K)$에 속하는 하나의 자기동형사상을 얻는다. 여기서 두 자기동형사상 $\sigma, \tau \in G$가 같은 제한된 자기동형사상을 생성할 때는 정확히 $\sigma^{-1} \circ \tau$가 L의 항등원일 때이다. 즉, $\sigma^{-1} \circ \tau$가 중간체 L에 대응하는 부분군 $\mathrm{Aut}(K(x_1, \cdots, x_n)|L)$에 속할 때이다. 이러한 방법으로 모든 자기동형사상을 얻게 된다는 것은 몇 겹으로 포개진 체 확장에 대한 차수공식으로부터 매우 간단히 얻어진다. Galois 이론의 기본정리의 증명이 이제 완성되었다.

Galois 이론의 기본정리 : 예

바탕체와 분해체 사이의 모든 중간체를 계산하는 한 예로, 제9장에서 이용하였던 쌍 2차 방정식 즉,

$$x^4 - 4x^3 - 4x^2 + 8x - 2 = 0$$

으로 되돌아가 보자. 이 방정식의 네 개의 근은 정확히 나타내면 다음과 같다.

$$x_{1,3} = 1 + \sqrt{2} \pm \sqrt{3 + \sqrt{2}},$$

$$x_{2,4} = 1 - \sqrt{2} \pm \sqrt{3 - \sqrt{2}}$$

제9장에서 결정하였던 Galois 군은 여덟 개의 원소를 갖는 군이었다. 그 원소들을 치환으로 생각한다면 그들은 다음과 같이 근들에 작용할 것이다.

	1	2	3	4
σ_0	1	2	3	4
σ_1	3	2	1	4
σ_2	1	4	3	2
σ_3	3	4	1	2
σ_4	2	1	4	3
σ_5	4	1	2	3
σ_6	2	3	4	1
σ_7	4	3	2	1

시행착오를 통하여 가능한 부분군들을 결정할 수 있다. 전체 군과 항등원만으로 이루어진 군을 포함하여, 임의의 부분군은 두 개 또는 네 개의 원소들을 가져야만 한다. 위수가 2인 다섯 개의 원소 각각에서 두개의 원소를 갖는 부분군이 다음과 같이 나온다.

$$\{\sigma_0, \sigma_1\}, \{\sigma_0, \sigma_2\}, \{\sigma_0, \sigma_3\}, \{\sigma_0, \sigma_4\}, \{\sigma_0, \sigma_7\}$$

또한, 앞 장에서 계산된 군연산표를 이용하여 네 개의 원소를 갖는 다음 세 개의 부분군을 쉽게 얻을 수 있다.

$$\{\sigma_0,\ \sigma_1,\ \sigma_2,\ \sigma_3\},\ \{\sigma_0,\ \sigma_3,\ \sigma_4,\ \sigma_7\},\ \{\sigma_0,\ \sigma_3,\ \sigma_5,\ \sigma_6\}$$

이제 남은 것은 이 군들 중 마지막은 위수 4의 순환군이고, 다른 네 개 원소의 두 부분군은 $(\mathbb{Z}/2\mathbb{Z})^2$와 동형이라는 것을 보이는 것이다.

Galois 이론의 기본정리에 의하면, 이 부분군들은 두 체 $\mathbb{Q}$와

$$\mathbb{Q}(x_1,\ x_2,\ x_3,\ x_4) = \mathbb{Q}(\sqrt{3+\sqrt{2}},\ \sqrt{3-\sqrt{2}})$$

사이에 있는 체들과 일대일 대응관계가 존재한다.

더구나, 이 체들은 부분군들로부터 고정체들을 결정하여 얻을 수 있다. 그렇게 하기 위하여, 다음 등식을 사용하자.

$$\sqrt{2} = \frac{1}{4}(x_1 - x_2 + x_3 - x_4),$$

$$\sqrt{3+\sqrt{2}} = \frac{1}{2}(x_1 - x_3),$$

$$\sqrt{3-\sqrt{2}} = \frac{1}{2}(x_2 - x_4),$$

$$\sqrt{7} = \frac{1}{4}(x_1 - x_3)(x_2 - x_4)$$

이 등식을 이용하여, 치환들의 연산표로부터 직접 이 수들의 자기동형 사상들에 대한 상을 결정할 수 있고, 직접적인 결과로 고정체들을 결정할 수 있다. 그림 10.2에서 부분군들을 대응하는 중간체와 함께 나타내어 각 대상들 사이의 포함관계를 알 수 있도록 하였다.

10.12
지금까지 우리는 Galois 이론의 기본정리를 증명하였고, 이제 그 중요성에 대하여 좀 더 이야기해보려고 한다. 우리가 살펴본 것처럼, 임

의의 중간체 L에 대하여 꼭 하나의 Galois 군 $\mathrm{Aut}(K(x_1, \cdots, x_n)|K)$의 부분군 G가 대응하고 역으로도 성립한다.

Galois 군 G의 자기동형사상 σ에 의하여 특정 중간체 L이 꼭 그 자신으로만 사상될 필요는 없다. 그러나 그 상 $\sigma(L)$은 필수적으로 체가 되는 것을 쉽게 확인할 수 있고, 따라서 또 하나의 중간체이므로 어떤 부분군에 대응한다. 그리고, 사실 이 부분군은 L에 대응하는 부분군 U로부터 직접 정해질 수 있다. 즉, 그 군은 $\sigma U \sigma^{-1}$와 같은 형태의 **켤레 부분군**(conjugate

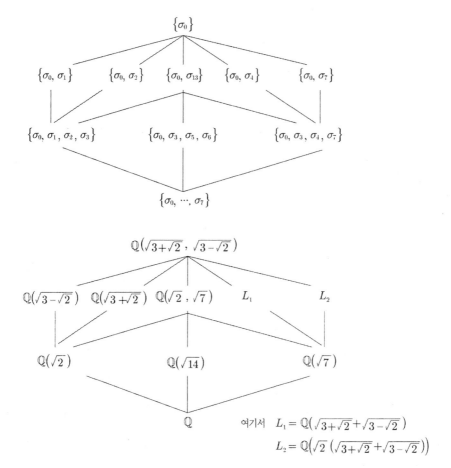

그림 10.2 Galois 군의 부분군들은 바탕체와 분해체 사이의 체들과 일대일 대응관계에 있다.

subgroup)임에 틀림없다. 그것의 자기동형사상들은 U의 자기동형사상들이 값 z를 바꾸지 않고 남겨둘 때 정확히 $\sigma(z)$를 바꾸지 않고 남겨둔다. 그림 10.3에서 이것을 설명한다.

임의의 부분군 U에 대하여, 켤레부분군이 U뿐이면 이러한 U를 **정규부분군**(normal subgroup)이라고 한다. 이런 상황에서 Galois 이론 기본정리의 세 번째 항목을 참조하면, 이것은 $K(x_1, \cdots, x_n)$의 임의의 자기동형사상을 L에 제한하여 L의 자기동형사상을 얻을 수 있다는 것을 의미한다.[10] 이미 우리는 $\mathrm{Aut}(K(x_1, \cdots, x_n) | K)$에 속하는 두 자기동형사상 σ와 τ를 L에 제한하면 정확히 $\sigma^{-1} \circ \tau$가 L에서의 항등사상이 될 때 같아지고 따라서 부분군

$$U = \mathrm{Aut}(K(x_1, \cdots, x_n) | L)$$

에 속한다는 것을 언급하였다. 그러면 Galois 군 $\mathrm{Aut}(L | K)$을 바로 부분군 U의 잉여류들의 집합인 G/U로 인식할 수 있다. 여기서 물론, $\mathrm{Aut}(L | K)$ 내에서의 자기동형사상의 합성은 군 G의 합성으로부터 유도할 수 있다.

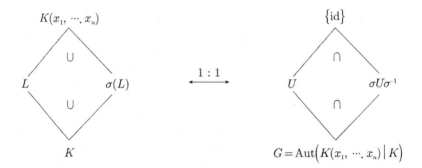

그림 10.3 Galois 이론의 기본정리는 중간체 L들, Galois 군에 속하는 자기동형사상 σ에 대한 그 상 $\sigma(L)$들, 그리고 그들에 대응하는 부분군들과 관계를 보여준다. 중간체들과 부분군들 사이의 일대일 대응관계 때문에, 정확히 $U = \sigma U \sigma^{-1}$일 때 $L = \sigma(L)$이 성립한다.

10.13 우리가 지금까지 서술했던 것의 핵심에는, 비록 Galois 이론의 영역을 넘는 것이지만 군 G의 임의의 정규부분군 U에 의하여 형성된 잉여류들에 대한 합성을

$$\sigma_1 U \circ \sigma_2 U = (\sigma_1 \circ \sigma_2) U$$

와 같이 정의함으로써 크게 일반화할 수 있는 구성원리가 있다. U가 정규부분군이라는 사실은 이 정의가 '잘 정의됨'을 보장하는 것이다. 즉, 정의가 원소 σ_1과 σ_2의 선택에 좌우되지 않아야 한다. 이것을 위해, 우리는 σ_1이나 σ_2가 각각 U에 있는 어떤 자기동형사상 τ에 대하여 $\sigma_1 \circ \tau$나 $\sigma_2 \circ \tau$로 바뀌더라도 합성의 결과가 바뀌지 않아야 한다는 것을 확인해야 한다. σ_2에 대하여 이것은 분명하다. 그러나 σ_1에 대하여는, $\tau \in U$에 대하여 $\sigma_2^{-1} \circ \tau \circ \sigma_2 \in U$와 함께

$$((\sigma_1 \circ \tau) \circ \sigma_2) U = (\sigma_1 \circ \sigma_2 \circ (\sigma_2^{-1} \circ \tau \circ \sigma_2)) U$$

가 성립하기 때문에 그것이 성립한다.

이렇게 정의된 합성이 잉여류 집합 G/U를 당연히 군으로 이끈다는 사실은 이러한 정의가 가능하다는 것에 비해 별로 놀라운 일이 아니다. 군과 체의 절에서 이미 우리는 $\mathbb{Z}/n\mathbb{Z}$와 같은 예와 함께 그런 기호를 사용하였다. 여기서 부분군 $n\mathbb{Z}$는 당연히 정규부분군인데 이것은 $\mathbb{Z}$가 가환(commutative)이기 때문이다.

우리는 이전의 장에서 이미 이러한 **군의 몫**(quotient group)을 군 연산표의 분할의 형태로 만나보았다.(그림 10.4 참조) 더구나, 우리는 Galois 이론의 기본정리의 증명에서 그러한 메카니즘에 발을 들여놓게 되었는데, $K(x_1, \cdots, x_n)$의 Galois 군에 속하는 자기동형사상들을 중간체 $L = K(y_1, \cdots, y_m)$에 제한할 때이다. 즉, 부분군 U가 정규부분군일 때 중간체 L은 G에 속하는 모든 자기동형사상들에 의하여 자신으로 사상되어 L에

대한 정의역의 제한으로 $|G|/|U|$개의 원소를 갖는 자기동형사상군 $\mathrm{Aut}(L|K)$가 만들어진다.

G :

G/U :

τ \ σ	σ_0	σ_1	σ_2	σ_3	σ_4	σ_5	σ_6	σ_7
σ_0	σ_0	σ_1	σ_2	σ_3	σ_4	σ_5	σ_6	σ_7
σ_1	σ_1	σ_0	σ_3	σ_2	σ_6	σ_7	σ_4	σ_5
σ_2	σ_2	σ_3	σ_0	σ_1	σ_5	σ_4	σ_7	σ_6
σ_3	σ_3	σ_2	σ_1	σ_0	σ_4	σ_6	σ_5	σ_4
σ_4	σ_4	σ_5	σ_6	σ_7	σ_0	σ_1	σ_2	σ_3
σ_5	σ_5	σ_4	σ_7	σ_6	σ_2	σ_3	σ_0	σ_1
σ_6	σ_6	σ_7	σ_4	σ_5	σ_1	σ_0	σ_3	σ_2
σ_7	σ_7	σ_6	σ_5	σ_4	σ_3	σ_2	σ_1	σ_0

U :

τ \ σ	σ_0	σ_1	σ_2	σ_3
σ_0	σ_0	σ_1	σ_2	σ_3
σ_1	σ_1	σ_0	σ_3	σ_2
σ_2	σ_2	σ_3	σ_0	σ_1
σ_3	σ_3	σ_2	σ_1	σ_0

그림 10.4 제9장의 그림 9.1에 있는 예로부터 얻어진 결과로서, 사실 그 그림에서 보인 첫 첨가에 대한 네 개의 4×4 사각형들에 의한 군 연산표의 분해이며, 위의 그림은 그 잉여류들에 의하여 만들어진 몫 G/U를 나타낸 것이다.

Galois 이론의 기본정리(정리 10.13)의 제3항의 매우 큰 중요성은 무엇보다도, 복잡한 체 확장들이 적절한 일련의 부분 확장들로 쪼개지고, 실제로

$$G = \mathrm{Aut}\Big(K(x_1, \cdots, x_n) \,\big|\, K\Big)$$

$$K(x_1, \cdots, x_n)$$

$$L$$

$$K$$

$$U = \mathrm{Aut}\Big(K(x_1, \cdots, x_n) \,\big|\, L\Big) \subset G$$

$$\mathrm{Aut}\big(L \,|\, K\big) = G/U$$
(U가 정규부분군인 경우)

그림 10.5 Galois 이론의 기본정리: 중간체 L과 대응하는 부분군 U. U가 정규부분군인(다르게 말하면, L이 분해체인) 경우에 Galois 군 $\mathrm{Aut}(L|K)$도 몫 G/U로 결정될 수 있다. 우리는 아직 정규부분군 U의 어떤 성질들이 거듭제곱근 $\sqrt[n]{a}$의 첨가에 의한 K의 확장이 L에 이르게 되는 상황을 특성화하는가를 결정하여야 한다.

맨 처음의 확장에서 이루어지는 상황과 같은 방법으로 초기의 가정을 만족한다는 점에 있다. 여기서 K에 속하는 계수를 갖는 한 방정식의 모든 근을 첨가하여 얻은 중간체에 대한 조건은 대응되는 부분군의 정규군의 성질과 동치이다.[11] 더 명확한 개요의 설명을 위해, 그림 10.5는 Galois 이론의 기본정리에 관계된 대상들을 몇 가지 그 주장과 함께 보여준다.

Galois 이론의 기본정리의 Artin의 버전

Emil Artin은 1942년 그의 저서 'Galois 이론'에서, 여기서 서술된 것과는 아주 다른 Galois 이론의 기본정리의 증명을 서술하였다.[12] 이전의 증명과 비교하여, Artin의 증명은 Galois 분해를 사용하지 않고 (또는, 원시원소의 대응정리의 사용이 없이) 이루어진다. 대신에 Artin은 선형대수의 개념들을 전문적으로 이용하여 기본정리를 증명하는 것이 가능한 방법으로, 그 가정의 일부만으로 새롭게 형식화된, Galois 이론을 세웠다. 이 변형에서, 다항식과 그 근들을 포함하는 논법은 (물론 그것의 부속적인 해석 때문이지만) Galois 이론의 증명을 위해 필요하지는 않다.

Artin에 의하여 연구된 상황은 다음과 같다. 주어진 임의의 체[13] E와 그 체의 자기동형사상들의 유한군 G에 대하여, G에 속하는 모든 자기동형사상에 의하여 바뀌지 않고 고정되는 E의 모든 원소들로 이루어진 한 체 K가 만들어진다. 이 상황에서, Artin은 먼저 그가 만든 각종 연립방정식들을 분석함으로써 K에서 E로의 체 확장의 차수가 군 G를 구성하는 자기동형사상들의 개수 $|G|$와 같다는 것을 증명한다.

이 정리를 가지고, Galois 이론의 기본정리의 Artin의 버전은 상당히 쉽게 증명된다. 용어상 간결화된 버전으로서 다음과 같다. 체 E와 이 체의 자기동형사상들의 유한군 G, 군 G에 대한 고정체 K의 상황에서 다음 주장들이 성립한다.

- 각 중간체 L을 L에서 항등함수가 되는 G에 속하는 자기동형사상들의 부분군 U에 대응시키는 사상은 전단사 함수, 즉 중간체들과 G의 부분군들 사이의 일대일 대응관계이다.
- L에서 E로의 체 확장의 차수는 부분군 U의 원소들의 개수 $|U|$와 같다.
- 부분군 U가 G의 정규부분군이 되는 경우는 정확히, 체 K 역시 중간체 L의 어떤 자기동형사상군의 고정체로 표현될 수 있을 때이다.

10.14

이 장의 나머지 부분에서 우리는 이전 장의 설명에서 남겨놓은 틈을 메우고자 한다. 이러한 목적으로, 우리는 Galois 이론의 기본정리에 비추어, 한 방정식이 근호에 의한 풀이가 가능하려면 그 방정식의 Galois 군이 어떤 구조를 가져야 하는가에 대하여 생각해보자. 특히, 우리는 정리의 제3항에서의 상황을, 각 근호 속의 숫자가 이전 단계의 첨가로부터 생기는 체에 속하게 되는, 일련의 연속적인 근들의 첨가의 특수한 경우로 제한하여야 한다. 근호에 의한 표현은 항상 소수 차수의 거듭제곱근호들만을 포함하도록 할 수 있으므로, 우리의 관심을 소수 차수들에 대해서만 제한해도 충분하다.

첫 단계의 첨가과정의 경우와 함께 시작해보자. 여기서 n차 제곱근 $\sqrt[n]{a}$이 체 K에 첨가되는데 근호 속의 수 a는 K에 있는 원소이다. 기본정리의 제3항을 적용하기 위하여 그 조건들이 만족되어야 한다. 이것이 그러한 경우임을 보장하기 위하여 1의 n차 제곱근 ζ, ζ^2, $\cdots$, ζ^{n-1}은 이미 K 안에 있고, 따라서 방정식 $x^n - a = 0$의 모든 근들이 체 $K(\sqrt[n]{a})$에 속한다.

이제 만약 어떤 소수 n에 대하여, 1의 모든 n차 제곱근들을 포함하는 체 K를 확장한다면 Galois 군을 이용하여, 이 확장이 K의 어떤 수 a의 n차 제곱근 $\sqrt[n]{a}$를 첨가하여 얻어질 수 있는지 없는지를 결정할 수 있다. 즉, 우리는 다음의 정리를 얻는다.

정리 10.14 소수 n에 대하여, 모든 1의 n차 제곱근 ζ, ζ^2, $\cdots$, ζ^{n-1}을 포함하는 주어진 체 K와 K 안에 있는 계수들의 한 방정식의 모든 근을 첨가하여 생기는 확장체 L에 대하여, $a \in K$이지만 $\sqrt[n]{a} \neq K$이고 $L = K(\sqrt[n]{a})$인 n차 제곱근 $\sqrt[n]{a}$이 L에 존재할 필요충분조건은 Galois 군 $\mathrm{Aut}(L|K)$가 위수 n인 순환군, 즉 적절히 선택된 어떤 자기동형사상 σ에 대하여

$$\mathrm{Aut}(L|K) = \{\mathrm{id}, \sigma, \sigma^2, \cdots, \sigma^{n-1}\}$$

가 되는 것이다.

이 정리를 증명하기 위하여, 우리는 $L = K(\sqrt[n]{a})$의 상태로 시작한다. 이 경우에, Galois 군 $\mathrm{Aut}(K(\sqrt[n]{a})|K)$에 속하는 임의의 자기동형사상 σ는 원소 $\sqrt[n]{a}$에 대한 그 작용의 효과에 의하여 일의적으로 결정된다. $(\sigma(\sqrt[n]{a}))^n = \sigma(a) = a$이기 때문에 원소 $\sqrt[n]{a}$는 σ에 의하여 어떤 지수 k에 대하여 $\zeta^k \sqrt[n]{a}$에 사상되어야 한다. 더구나, 자기동형사상들의 합성에 따라 지수들은 더해진다. 즉, 만약 $\sigma(\sqrt[n]{a}) = \zeta^k \sqrt[n]{a}$이고 $\tau(\sqrt[n]{a}) = \zeta^j \sqrt[n]{a}$이면 $(\sigma \circ \tau)(\sqrt[n]{a}) = \zeta^{k+j} \sqrt[n]{a}$이다. Galois 군은 따라서 순환군 $\mathbb{Z}/n\mathbb{Z}$의 한 부분군에 '대응한다', 즉 동형이다. n이 소수이므로, Galois 군은 하나의 자기동형사상이나 또는 n개 전체들로 이루어진다. $\sqrt[n]{a} \not\in K$이므로 첫 가능성은 배제되고 따라서 Galois 군은

$$\mathrm{Aut}(K(\sqrt[n]{a})|K) = \{\mathrm{id}, \sigma, \sigma^2, \cdots, \sigma^{n-1}\}$$

여기서 $\sigma(\sqrt[n]{a}) = \zeta \sqrt[n]{a}$이다.

이제, 역으로 Galois 군이 적절히 선택된 어떤 자기동형사상 σ에 대하여

$$\mathrm{Aut}(L|K) = \{\mathrm{id}, \sigma, \sigma^2, \cdots, \sigma^{n-1}\}$$

되는 것과 함께 시작하자. 체 L의 임의의 원소 b에 대하여 제5장과 제7장에서 만나보았던 Lagrange 분해를 다음과 같이 형성할 수 있다.

$$(\zeta,\ b) = b + \zeta\sigma(b) + \zeta^2\sigma^2(b) + \cdots + \zeta^{n-1}\sigma^{n-1}(b)$$

정의로부터, 다음 등식

$$\sigma((\zeta,\ b)) = \sigma(b) + \zeta\sigma^2(b) + \zeta^2\sigma^3(b) + \cdots + \zeta^{n-1}\sigma^n(b) = \zeta^{-1} \cdot (\zeta,\ b)$$

을 쉽게 얻을 수 있고, 따라서 $\sigma((\zeta,\ b)^n t) = (\zeta,\ b)^n$이므로 $(\zeta,\ b)^n$은 반드시 체 K에 속한다. 그 Lagrange 분해 $(\zeta,\ b)$가 영이 아닌 체 L의 원소 b가 있으면 $\sigma^j((\zeta,\ b)) = \zeta^{-j}(\zeta,\ b)$이므로, 체 $K((\zeta,\ b))$의 모든 원소를 바꾸지 않고 그대로 남겨두는 자기동형사상은 항등변환을 제외하고 아무것도 없다. 즉, $K((\zeta,\ b)) = L$이 된다. 따라서 Galois 이론의 기본정리로부터, 체 $K((\zeta,\ b))$는 L의 진부분체가 될 수 없다. 그러므로 체 L은 체 K의 어떤 한 원소, 즉 $a = (\zeta,\ b)^n$의 n차 제곱근을 K에 첨가하여 얻어진다.

우리는 여전히 Lagrange 분해 $(\zeta,\ b)$가 영이 되지 않는 L의 원소 b를 항상 찾을 수 있음을 보여야 한다. 우리는 그 선택을 1과 다른 임의의 1의 n차 제곱근에 대한 Lagrange 분해 $(\zeta^k,\ b)$, $k = 1,\ 2,\ \cdots,\ n-1$로 확장할 수 있다. 이것은 그러한 Lagrange 분해들을 그것들이 영이 아니면 이전의 구성에 맞게 사용할 수 있기 때문이다. 지금, 지수 $k = 0,\ 1,\ \cdots,\ n-1$에 대하여 Lagrange 분해

$$(\zeta^k,\ b) = b + \zeta^k\sigma(b) + \zeta^{2k}\sigma^2(b) + \cdots + \zeta^{(n-1)k}\sigma^{n-1}(b)$$

들의 합을 구하면, $j = 1,\ 2,\ \cdots,\ n-1$에 대하여

$$1 + \zeta^j + \zeta^{2j} + \cdots + \zeta^{(n-1)j} = 0$$

이므로

$$\sum_{k=0}^{n-1} (\zeta^k, \ b) = nb$$

이다.

만약, $k = 1, 2, \cdots, n-1$에 대하여 Lagrange 분해 $(\zeta^k, \ b)$가 모두 영이 되었다면, 위의 합에서 첫 항만이 남기 때문에 등식 $(1, \ b) = nb$를 갖게 될 것이다. 그 값 $(1, \ b)$는 모든 자기동형사상들에 의하여 바뀌지 않으므로, 수 $(1, \ b)/n$는 체 K에 속하여야 한다. 따라서 K에 속하지 않는 원소 b의 임의의 선택은 적어도 하나는 영이 되지 않는 Lagrange 분해 $(\zeta^k, \ b)$를 이끌어낸다.

10.15 이 정리로부터 우리는 Galois 이론의 기본정리의 제3항을 다시 이용하여, 하나의 따름정리를 바로 얻을 수 있다.[14] 이 따름정리는 한 방정식의 해법에 있어서 임의의 중간체가 어떤 근의 첨가로 생성될 수 있는 상황에 관한 문제에 대한 답을 준다. 그러한 체를 **거듭제곱근 확장**(radical extension)이라고 부른다.

보 따름정리 10.15 │ 임의의 소수 n에 대하여, 1의 모든 n차 제곱근들을 포함하는 체 K에 K의 원소를 계수로 갖는 한 방정식의 모든 근들을 첨가하여 체 L로 확장되었을 때, $|G| = n|U|$를 만족하는 Galois 군 $G = \mathrm{Aut}(L|K)$의 정규부분군 U가 존재하는 경우는 정확히 그 자체는 K 안에 있지 않지만 그것의 n차 제곱 b^n이 K에 있는 원소 b가 확장체 L에 존재할 때(따라서 체 $K(b)$가 L에 속하는 K의 거듭제곱근 확장이 되는)이다.

우리는 이제까지 형식적으로 말해왔던 판정법이 군 연산표에 관한 용어로 이미 이야기했던 것임을 상기해야 한다.(9.7절 참조) 그러면 첫 거듭제곱 확장의 확장이 대응적으로 분해될 수 있는지 없는지를 부분군 $U = \mathrm{Aut}(L|K(b))$로부터 유사하게 읽어낼 수 있다. 그러나 1의 거듭제곱근들

에 대한 필수적인 가정 때문에, 우리가 만약 방정식의 근들을 근호를 써서 나타낼 수 있느냐와 같은 것에 대한 직접적인 답을 구하려고 한다면 그 판정법은 만족스럽지 못하다. 우리는 요구된 1의 거듭제곱근들이 첨가될 때 Galois 군에 있어서 일어나는 변화가 무엇인지 특별히 설명할 필요가 있다.

10.16 이전의 정리를 이용할 수 있도록 하기 위하여, 1의 해당 거듭제곱근들은 이미 바탕체 K에 속하여야 한다. 확실히 이전 장의 예들에서 종종 우리는 유리수체 $\mathbb{Q}$를 바탕체로 하고, 그 바탕 위에서 Galois 군의 결정을 위한 관찰을 시작하였다. 이전의 정리를 이용하기 위하여, 관찰하고 있는 방정식의 분해체에 필수적으로 속하지 않는, 적당한 원소들을 첨가하는 것이 우선 필수적이다. 그러면 체 K 대신에, 확장체 K'이 나타나고 유사하게, 현재의 방정식의 분해체 $K(x_1, \cdots, x_n)$ 대신에 체 $K'(x_1, \cdots, x_n)$가 나온다. 이제 우리는 Galois 군에서 변화가 어떻게 일어나는가를 그림 10.6에서 설명한 것처럼 알게 될 것이다.

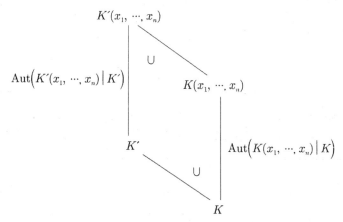

그림 10.6 바탕체 K에서 체 K'로의 확장과 그에 따라 일어나는 Galois 군에서의 변화.

'새로운' Galois 군

$$\mathrm{Aut}\left(K'(x_1, \cdots, x_n)\,|\,K\right)$$

에 속하는 임의의 자기동형사상은 근 $x_1, \cdots, x_n$의 상들에 의하여 결정된다. 따라서 그것은 체 $K(x_1, \cdots, x_n)$로 가능한 정의역의 제한에 의하여 일의적으로 결정된다. 그러면 Galois 군

$$\text{Aut}(K'(x_1, \cdots, x_n)|K')$$

은 원래의 Galois 군 $\text{Aut}(K(x_1, \cdots, x_n)|K)$의 부분군이다.[15]

10.17
차수가 소수 n인 원분방정식 $x^n - 1 = 0$은 교육적으로 많은 도움이 되는 동시에 이러한 고찰들의 중요한 응용을 보여준다. 사실, 우리는 이미 제7장에서 이미 그런 원분방정식의 해법을 위한 단계적인 경로를 진술하였으나, 더 체계적인 형태로 지금 다시 이것을 하는 것이 적절하다. 특히, 우리는 이전의 장에서 얻은 결과를 이용하여 다음 정리를 증명하기를 원한다.

정리 10.16 소수 n을 차수로 갖는 원분방정식 $x^n - 1 = 0$은 근호에 의하여 풀 수 있다. 즉, 그 근들의 각각은 여러 겹의 근호와 유리수들을 포함하는 표현으로 나타낼 수 있다.

만약 ζ가 1과 다른 1의 n차 제곱근이면 $\mathbb{Q}$에서 $\mathbb{Q}(\zeta)$로의 체 확장의 차수는 $n-1$이다. 이것은 이미 우리가 10.8절에서 알았던 것으로 $\zeta, \zeta^2, \cdots, \zeta^{n-1}$가 벡터공간 기저이다. 그 Galois 군에 속하는 각 자기동형사상 σ는 $\sigma(\zeta)$의 값에 의하여 일의적으로 결정된다. 그러므로 Galois 군 $\text{Aut}(\mathbb{Q}(\zeta)|\mathbb{Q})$은 정확히 $k = 1, 2, \cdots, n-1$에 대하여 $\sigma_k(\zeta) = \zeta^k$에 의하여 결정된 자기동형사상들로 이루어진다.

원분방정식의 근들의 근호에 의한 표현을 얻기 위하여 우리는 근호에 의한 풀이의 단계들에 대응하는 $\mathbb{Q}$에서 $\mathbb{Q}(\zeta)$로의 확장의 중간체들을 찾는다. Galois 이론의 기본정리에 의하여, Galois 군 $\text{Aut}(\mathbb{Q}(\zeta)|\mathbb{Q})$의 대응하는 부분군들이 존재한다. 그러나 이것들을 결정하는 것은 거듭제곱들 ζ^k가 제7장

에서처럼, modulo n에 대한 한 원시근 g에 대하여 ζ^{g^j} 형태로 표현되지 않으면 결코 간단하지 않다.16) 그 Galois 군은

$$\left\{\text{id}, \sigma_g, \sigma_g^2, \cdots, \sigma_g^{n-2}\right\}$$

의 형태로 나타낼 수 있으므로, $n-1$의 임의의 약수 f에 대하여 $e = \dfrac{n-1}{f}$라 두면 f개의 원소를 갖는 꼭 하나의 부분군

$$U_e = \left\{\text{id}, \sigma_g^e, \sigma_g^{2e}, \cdots, \sigma_g^{e(f-1)}\right\}$$

을 얻는다.

좌표의 형태로 나타내면 유리수 좌표 m_1, m_2, $\cdots$, m_{n-1}를 갖는

$$z = m_1\zeta + m_2\zeta^2 + \cdots + m_{n-1}\zeta^{n-1}$$

인 일반원소 z를 체 $\mathbb{Q}(\zeta)$로부터 취하여, 이 원소가 자기동형사상 σ_g^e에 의하여 바뀌지 않는 상황이 무엇인지를 검색하여 대응하는 부분체를 얻는다. 이것은 정확히

$$m_{g^0} = m_{g^e} = m_{g^{2e}} = \cdots, \quad m_{g^1} = m_{g^{e+1}} = m_{g^{2e+1}} = \cdots, \quad \cdots$$

의 경우이고 따라서 z는 제7장에서 묘사된 것과 같은 f-원소 주기에 관하여 다음과 같이 표현될 수 있다.

$$z = m_{g^0}\eta_0 + m_{g^1}\eta_1 + \cdots + m_{g^{e-1}}\eta_{e-1}$$

이제, f-원소 주기들

$$\eta_0 = P_f(\zeta), \quad \eta_1 = P_f(\zeta^g), \quad \cdots, \quad \eta_{e-1} = P_f(\zeta^{g^{e-1}})$$

은 이들이 한편으로는 부분군 U_e에 속하는 모든 자기동형사상에 의하여 고정되고, 다른 한편으로는 U_e에 속하지 않는 임의의 자기동형사상에 의하여 바뀌는 성질을 갖는다. 그러므로 체 $\mathbb{Q}(\eta_0)$, $\mathbb{Q}(\eta_1)$, $\cdots$, $\mathbb{Q}(\eta_{e-1})$들은

Galois 군의 기본성질에 의하여 모두 같아야 한다. 이제, 근호에 의한 원분방정식의 풀이를 위하여 임의의 가능한 주기길이 f에 대하여 하나의 f-원소 주기, 이를테면 η_0에 대한 근호에 의한 표현만 찾으면 된다. 이것은 다른 f-원소 주기들은 기본 사칙연산을 사용하여 η_0로부터 계산할 수 있기 때문이다.

n차 원분방정식의 근호에 의한 풀이가 가능하도록 하는 단계들은 지금 정수 $n-1$의 소인수분해 (소인수들이 서로 다를 필요 없는) $n-1 = p_1 p_2 \cdots p_s$를 바탕으로 계획될 수 있다. 귀납적으로, p_j차 원분방정식은 모두 근호에 의한 풀이가 가능한 것으로 가정해도 좋다. 우리는 체 $\mathbb{Q}$에 1의 이 거듭제곱근들을 첨가하여 생기는 체를 K'로 나타낼 것이다. 증가하는 체의 연쇄

$$\mathbb{Q} \subset \mathbb{Q}(P_{(n-1)/p_1}(\zeta)) \subset \mathbb{Q}(P_{(n-1)/(p_1 p_2)}(\zeta)) \subset \cdots \subset \mathbb{Q}(P_{p_s}(\zeta)) \subset \mathbb{Q}(\zeta)$$

과 함께 시작하자. 여기서 각 확장 단계의 Galois 군은 위수 p_j의 순환군이다. 다음은 확장체의 연쇄

$$K' \subset K'(P_{(n-1)/p_1}(\zeta)) \subset K'(P_{(n-1)/(p_1 p_2)}(\zeta)) \subset \cdots \subset K'(P_{p_s}(\zeta))$$
$$\subset K'(\zeta)$$

를 생각한다.

10.6절의 결과에 따르면, 각 확장단계에서 Galois 군은 원래의 체의 연쇄에 대응하는 군의 부분군이다. 그러나 소수의 위수를 갖는 군들은 그 부분군들이 단지 한 원소 군과 자신뿐이다. 그러므로 두 번째 연쇄의 '실제' 확장 단계에서의 각 Galois 군은 처음 연쇄의 대응하는 단계의 그 순환 Galois 군과 같다. Lagrange 분해들을 이용하여, 그 확장 단계는 따라서 하나의 근의 첨가로 생성될 수 있다.

전적으로 우리는 원분방정식들이 근호에 의하여 풀이가 가능함을 보여

왔다. 남은 것은 제7장의 고찰과 비교하여, 여기서는 복잡한 계산을 완전히 피한다는 것을 관찰하는 것이다. 그러나 더 높은 수준의 추상성이 대가로 지불되어야 한다.

10.18

마지막으로 임의의 방정식이 근호에 의하여 풀이가 가능한지를 결정하는 판정법 (그리고 그 증명)을 살펴보자. 정리의 기초는 군의 풀이가 능성이라는 개념인데, 다음과 같이 정의한다.

정의 10.17 임의의 유한군 G에 대하여, 부분군 G_j가 다음 군 G_{j+1}의 정규부분군이 되고, 그 몫 G_{j+1}/G_j가 소수 위수의 순환군이 되는 군들의 연쇄

$$\{\text{id}\} \subset G_1 \subset G_2 \subset \cdots \subset G_{k-1} \subset G_k = G$$

가 존재할 때 G를 **풀이가능**(solvable)이라고 한다.[17]

이렇게 정의된 군이 풀이가능이라고 하는 것은 오직 방정식의 풀이가능성과 군의 풀이가능성이 아주 밀접하게 관련되기 때문에 의미가 있다. 다음 정리를 살펴보자. 이것은 이미 이전의 장에서 군 연산표에 관하여 주어진 진술이다.

정리 10.18 방정식이 근호로 풀이가능한, 즉 그것의 모든 근이 근호 속의 수들을 계수들로 나타낼 수 있는 몇 겹의 근호들로 사칙연산을 사용하여 나타낼 수 있는 필요충분조건은 그 Galois 군이 풀이가능이다.

정리를 증명하기 위하여, 풀이가능인 임의의 방정식과 함께 시작한다. 계수들을 모두 포함하는 한 체로부터 소수 차수의 거듭제곱근들의 첨가를 통하여 단계적으로 모든 근 $x_1, \cdots, x_n$을 포함하는 체로 확장할 수 있다.[18] 꼭 하나의 단계를 살펴보자. 이 단계에서 이전의 거듭제곱근 확장으로부터 생긴 체 K는 K의 원소의 p차 제곱근을 첨가하여 체 L로 확장된다. 여기

서 p는 어떤 소수이다. 우리는 그러한 일련의 첨가과정의 단계에서 p차 원분방정식의 모든 근들에 대한 필요한 모든 거듭제곱근 확장들이 이미 수행되어 K가 1의 모든 p차 제곱근을 포함하는 것으로 가정한다. 지금 네 개의 체 K, L, $K(x_1, \cdots, x_n)$, $L(x_1, \cdots, x_n)$이 그림 10.7에서 보인 것처럼 서로 관련되는 것을 알 수 있다. 특히, 체 $K(x_1, \cdots, x_n)$에서 $L(x_1, \cdots, x_n)$로의 확장의 차수는 첨가되는 1의 p차 제곱근이 $K(x_1, \cdots, x_n)$의 원소인가 아닌가에 따라 1 또는 p이다.

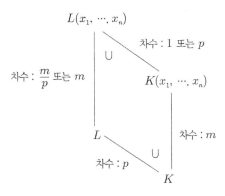

그림 10.7 1의 p차 제곱근들의 첨가에 의한 체 K의 체 L로의 확장.

이들 두 경우는 다음과 같이 나타난다.

- $K(x_1, \cdots, x_n) = L(x_1, \cdots, x_n)$인 경우, 체 L은 체 $K(x_1, \cdots, x_n)$의 부분체이다. 이 때, 그 Galois 군 $\mathrm{Aut}(K(x_1, \cdots, x_n) | L)$은 기본정리의 제3항에 의하여, Galois 군 $\mathrm{Aut}(K(x_1, \cdots, x_n) | K)$의 정규부분군이고, 관련된 군의 몫은 소수 위수 p를 갖는 순환군이다.
- 두 번째는 $L(x_1, \cdots, x_n)$으로의 $K(x_1, \cdots, x_n)$의 체 확장의 차수가 p인 경우로, 그 Galois 군 $\mathrm{Aut}(K(x_1, \cdots, x_n) | K)$는 Galois 군 $\mathrm{Aut}(K(x_1, \cdots, x_n) | L)$와 '동일'하다. 즉, 후자의 군에 속하는 모든 자기동형사상은 전자의 군으로부터 정의역을 제한하여 얻는다.

단계적으로, 즉 체 L에 추가되는 거듭제곱근의 첨가와 함께 요구되는 그

Galois 군의 부분군들의 다음 연쇄

$$\cdots \subset \mathrm{Aut}(K(x_1, \cdots, x_n)|L) \subset \mathrm{Aut}(K(x_1, \cdots, x_n)|K) \subset \cdots$$

를 얻는다.

남은 것은 역을 증명하는 것이다. Galois 군 $G = \mathrm{Aut}(K(x_1, \cdots, x_n)|K)$ 가 풀이가능, 즉 부분군들의 필요한 연쇄

$$\{\mathrm{id}\} \subset G_1 \subset G_2 \subset \cdots \subset G_{k-1} \subset G_k = G$$

가 존재한다는 가정과 함께 시작한다. 우리는 지금 체 K로부터 적당한 1의 거듭제곱근들의 첨가에 의하여 체 K' 만들기를 시작한다. 특히, 우리는 G 의 원소의 개수 $|G|$보다 작은 $|G|$의 가장 큰 약수 이하의 소수 차 1의 제곱근을 첨가한다. Galois 군

$$H = \mathrm{Aut}(K'(x_1, \cdots, x_n)|K')$$

은 풀이가능인 Galois 군 G의 부분군으로서, 그 자체도 풀이가능이다. 이 것은 위의 부분군들의 연쇄를

$$\{\mathrm{id}\} \subset G_1 \cap H \subset G_2 \cap H \subset \cdots \subset G_{k-1} \cap H \subset G_k \cap H = H$$

와 같이 수정함으로써 보일 수 있다. 이 군들의 각각은 이 연쇄에서 다음 군의 정규부분군이다. 더구나 관련된 몫들

$$(G_{j+1} \cap H)/(G_j \cap H)$$

의 각각을 몫 G_{j+1}/G_j의 부분군으로 볼 수 있는데, 이것들은 정확히 적어도 하나의 H의 원소를 포함하는 잉여류들로 이루어진다. 따라서 $G_{j+1} \cap H = G_j \cap H$이거나 또는 $(G_{j+1} \cap H)/(G_j \cap H)$는 소수 위수의 순환군이다. 따라서 증명의 나머지 부분을 위하여 우리는 그 부분군들의 연쇄를 줄여, 나타나는 모든 부분군들

$${\rm .\{id\}} \subset H_1 \subset H_2 \subset \cdots \subset H_{k-1} \subset H_k = H$$

이 서로 다르다고 가정하여도 일반성을 잃지 않는다.

마지막에서 두 번째 군 H_{k-1}은 군 H의 정규부분군이다. 더구나 관련 많은 소수 p를 위수로 갖는 순환군이다. 따라서 10.15절에 따르면, 체 K'의 원소 a의 p차 제곱근이 존재하여 그 원소의 첨가에 의하여 첫 중간체를 얻는다. 그러면 유사한 형태로, Galois 군이 H_{k-1}인 체 $K'(x_1, \cdots, x_n)$에 까지 단계적으로 부분군 $H_{k-2}, \cdots, H_1$에 관하여 확장을 계속하여 나머지 체들을 만들 수 있다. 대체로 이것은 근 $x_1, \cdots, x_n$을 근호 안의 수가 체 K에 속하는 포개진 거듭제곱근들로 나타낼 수 있다는 것을 보여준다.

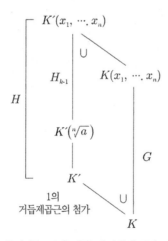

그림 10.8 풀이가능 군에 대한 방정식의 근을 구하는 방법.

10.19

10.18절에서 증명의 완성과 함께 이 책의 목표를 달성하였다. 소개에서 알렸던 것처럼, Galois 이론만을 사용하여 주어진 방정식이 근호에 의하여 풀이가능인지 아닌지를 결정할 수 있다. 훨씬 단순한 대상, 즉 군의 관찰을 통하여, 방정식과 그 근들에 의하여 생성된 체의 성질들을 얻을 수 있다. 물론, 구체적인 예의 경우에는 이전의 장에서 했던 군 연산표의 단

계적 분할에 의하여 군의 풀이가능성을 검사하는 것을 추천하지 않는다. 훨씬 간단한 것은 유한군의 일반 이론으로부터 얻어진 방법을 이용하는 것이다. 그러나 이 책에서 우리는 이 소개여행의 범위를 다항방정식의 이론으로 제한하기 위하여 그런 방법을 설명하는 것을 신중하게 삼갔다. 다만 우리는 여기서 대칭군 S_n 즉, n개의 원소의 모든 치환들의 군이 $n \geq 5$에 대하여 풀이가능이 아님을 주목한다. 이 사실의 증명은 맺음말에서 주어진다. 따라서 S_5를 Galois 군으로 갖는 5차 방정식들은 근호에 의한 풀이가 불가능하다. 예를 들어, 그런 방정식의 한 예가 — 사실은 그런 방정식들이 예외라기보다 법칙 — 9.17절에서 주어졌다.

고전적 작도문제의 불가능성

제7장에서 우리는 원의 정사각형화, 정육면체의 두 배, 각의 삼등분과 같은 고전적 문제와 함께 시작하였다. 원을 정사각형으로 만들 수 없는 이유는 Galois 이론에 있는 것이 아니라 수 π의 초월성에 있다.

남은 두 작도의 불가능성을 증명하는 것은 역시 Galois 이론의 깊은 결과에 달려 있는 것은 아니다. 일반적으로, 우리가 지금 알게 될 것으로 체 확장의 탑들의 차수에 대한 공식을 생각하는 것으로 충분하다.

증명을 완성하기 위하여, 우리는 제7장의 결과를 체들에 관하여 다시 명확한 형태로 나타내도록 한다. 만약 자와 컴퍼스를 써서 복소평면의 한 점 z의 작도에 도달하는 작도과정이 이루어졌다면 이것은 유리수 체 $\mathbb{Q}$에서 차수 2의 단계적 확장들에 의하여 얻어진 체에 z가 속하도록 하는 것과 대수적으로 동치이다. 여러 겹의 체 확장에 대한 차수 공식에 따르면, 따라서 수 z는 유리수 체 $\mathbb{Q}$ 위에서의 그 차수가 2의 거듭제곱인 어떤 체에 속하여야 한다.

체 $\mathbb{Q}(\sqrt[3]{2})$는 유리수 체 위에서 차수가 3이므로 $\sqrt[3]{2}$는 차수 정리에 의하여, 차수가 2의 거듭제곱인 어떤 체에도 속할 수 없다. 그러므로 길이가 $\sqrt[3]{2}$ 인 선분은 자와 컴퍼스를 써서 작도할 수 없다. 따라서 정육면체를 두 배로 하는 문제는 답할 수 없다.[19]

임의의 각을 삼등분하는 문제에서, 그 열쇠는 다시 3차 확장체의 구성에 있다. 이 문제는 단위 원 위에 주어진 임의의 수 a에 대하여 $z^3 = a$를 만족하는 수 z를 작도하는 것과 동치이다. 1이 아닌 1의 세제곱근 ζ에 대하여 체 $\mathbb{Q}(\zeta, a)$와 함께 시작하여, 수 z의 첨가는 다음 두 가지 시나리오 가운데 하나이다.

(1) 수 z는 체 $\mathbb{Q}(\zeta, a)$에 속하고, 진정한 체 확장이 일어나지 않는다.
(2) 수 z는 체 $\mathbb{Q}(\zeta, a)$에 속하지 않고, 그 결과는 차수가 3인 확장체이다.

(2)의 경우, 예를 들어 120도의 각을 삼등분하는 문제에서 생기는 경우로, 자와 컴퍼스에 의한 점 z의 작도는 불가능하다.

마지막으로 우리는 여러 겹으로 포개진 체의 확장에 대한 차수 공식을 이용하여, 정다각형의 작도가능 또는 작도불가능을 증명할 수 있다.

Galois 이론과 대수구조에 대한 참고문헌

Emil Artin, *Galois Theory*, Notre Dame, 1942.

Siegfried Bosch, *Algebra*, Berlin, 2001.

Jean Pierre Escofier, *Galois Theory*, New York, 2001.

Serge Lang, *Algebra*, Springer, 2002.

Barte Leendert van der Waerden, *Algebra I*, Berlin, 1971.

Jean-Pierre Tignol, *Galois' Theory of Algebraic Equations*, Singapore, 2001.

1 포개진 체 확장 $K \subset L \subset E$에 대한 차수공식, 즉 K 위의 확장 E의 차수는 L 위의 확장 E의 차수와 K 위의 L의 차수의 곱과 같음을 증명하여라.

2 임의의 유한체의 원소의 개수는 어떤 소수의 거듭제곱이 되어야 함을 보여라.

3 임의의 소수 n에 대하여, 만약 치환군 $G \subset S_n$가 집합 $\{1, 2, \cdots, n\}$ 위에 추이적(transitive)으로 작용하면 $H \neq \{\mathrm{id}\}$인 임의의 정규부분군 $H \subset G$도 $\{1, 2, \cdots, n\}$ 위에 추이적으로 작용함을 증명하여라.

　　힌트 : 그 각각이 H의 적절한 치환에 의하여 하나가 다른 하나로 옮겨질 수 있는 모든 원소들의 집합인 소위 궤도(orbit)들로 집합 $\{1, 2, \cdots, n\}$을 분할하여라. 왜 이 궤도들이 모두 같은 크기를 갖는가? 또한 소수 차수의 기약방정식의 Galois 군이 풀이 가능이면 그 해의 치환군은 위수 n의 순환군임을 결론지어라.

4 임의의 소수 n에 대하여, 임의의 잉여류 $a, b \in \mathbb{Z}/n\mathbb{Z}$, $a \neq 0$에 대하여 $f_{a,b}(x) = ax + b$인 함수들 $f_{a,b} : \mathbb{Z}/n\mathbb{Z} \to \mathbb{Z}/n\mathbb{Z}$, 즉 선형변환들의 집합은 군을 이루는 것을 증명하여라. 또한 다음을 증명하여라.

• 어떤 선형변환도 두 개 이상의 고정점을 갖지 않는다. 즉, 임의의 선형변환 $f_{a,b}$에 대하여 $f_{a,b}(x) = x$인 잉여류 x는 많아야 하나뿐이다.

• 위수 n인 임의의 원소는 $b \neq 0$인 $f_{1,b}$의 형태이다.

• 임의의 선형군(linear group), 즉 변환 $f_{1,1}$을 포함하는 선형변환들의 군은 풀이가능이다.

　　힌트 : $f_{1,1}$에 의하여 생성된 부분군은 그 해의 한 성분이다.

5 9.17절에 있는 5차 방정식들의 Galois 군들의 예들에서, 유리수체 위의 방정식 $x^5 - 2 = 0$는 스무 개의 원소를 갖는 Galois 군을 유도하고, 반면 방정식 $x^5 - 5x + 12 = 0$는, 더 복잡한 근의 구조에도 불구하고, 단지 열 개의 원소를 갖는 Galois 군을 결과로 얻는다는 것을 진술하였다. 이러한 현상이 이 장에서 해당되는 체의 근호에 의한 확장들에 대한 우리의 고찰에 비추어 어떻게 설명될 수 있는가?

제10장 각주 모음

1) 역사적 관점에서, 체들은 Richard Dedekind(1831~1916)에 의하여 1871년에 나온 한 논문에서 처음으로 정의되었다. 체의 개념이 대응하는 유사한 성질들을 갖는, 복소수 집합의 부분집합으로 생각되지 않을 수도 있는, 예를 들어 1893년 Heinrich Weber(1842~1913)에 의하여, 다른 수학의 체계들을 포함하도록 확장되기까지는 겨우 20년이 지나서였다. 더 상세한 내용과 참고자료는 Erhard Scholz (ed), *Geschichte der Algebra*, Mannheim, 1990, pp. 365-398의 Erhard Scholz, Die Entstehung der Galois-Theorie에서 찾을 수 있다.

2) 몫 $|G|/|U|$를 G에서 U의 지수(index)라 부른다. 그렇지만 더 직접적으로 특성을 나타내기 위하여, 앞으로 우리는 이 용어를 사용하지 않을 것이다.

3) 명확히 하기 위하여, 학술용어 '유리함수'는 역사적이지만 완전히 옳은 것은 아님을 지적해야 한다. 왜냐하면 유리함수는 다항식들의 형식적 몫이지만, 비록 함수는 유리함수들의 기초 위에 쉽게 정의될 수 있다하더라도 용어의 통상적 의미로 함수는 아니기 때문이다.

4) 이 체는 대칭인 모든 유리함수들을 포함한다. 즉, 분모와 분자가 미리부터 대칭일 필요가 없는, 임의의 그런 유리함수에 대하여 분수식을 확장하여 분모가 대칭이 되도록 할 수 있다. 그렇지만 그렇게 되기 위해서는 확장된 분수식의 분자도 역시 대칭이 되어야 한다.

5) $\sigma(y) = 0$를 만족하는 값 y와 Galois 분해 t에 관련된 다항식 표현 $y = g(t)$를 이용하면, $0 = \sigma(y) = g(t_\sigma)$를 얻는다. 즉, t_σ는 $g(T)$의 영점이다. 이미 우리가 써왔던 추론과 유사한 논법으로, 다항식 $g(t)$는 Galois가 만든 기약다항식 $\mathfrak{G}(T)$로 나누어떨어진다. 또한 그러므로 $g(T)$는 역시 t를 영으로 갖는다. 즉, $0 = g(t) = y$이다.

우리가 여기서 만들었던 그 사상들이 유한차원의 K-벡터공간

$K(x_1, \cdots, x_n)$위로의 선형작용소들임을 곧 알게 될 것이다. 따라서 $y \neq 0$일 때 $\sigma(y) \neq 0$이므로, 사상 σ들의 각각은 모두 가역적이다.

6) 이전의 우리의 논의에 따라, Galois 분해 t를 이용하여 가장 간단한 증명할 수 있다. 우리는 Galois 분해 t에 대한 성질

$$x_{\sigma(1)} = g_1(t_\sigma), \cdots, x_{\sigma(n)} = g_n(t_\sigma)$$

을 보였다. 만약, σ를 하나의 자기동형사상으로 생각하면 이 등식들은 다음과 같이 다시 나타낼 수 있다.

$$\sigma(x_1) = g_1(t_\sigma), \cdots, \sigma(x_n) = g_n(t_\sigma)$$

Galois 군의 모든 자기동형사상 σ의 작용에 의하여 불변인 값 $z = h(x_1, \cdots, x_n)$에 대하여 값 z의 다른 표현들을 더하여

$$|G|z = \sum_\sigma \sigma(z) = \sum_\sigma h(\sigma(x_1), \cdots, \sigma(x_n)) = \sum_\sigma h(g_1(t_\sigma), \cdots, g_n(t_\sigma))$$

를 얻는다. 여기서 $|G|$는 그 Galois 군에 속하는 원소들의 개수이다. 또, 값 t_σ들에 대한 대칭성 때문에 오른쪽의 합은 이 값들 t_σ를 영으로 갖는 다항식에 관하여 나타낼 수 있다. 이 다항식은 $T - t$로 나누어떨어지는 기약인수 $\mathfrak{G}(T)$이며, 이것은 Galois가 n차 분해방정식으로부터 만들었던 것이다. (제9장의 Galois 군의 계산에 관한 절을 참조하여라.) 이 다항식 $\mathfrak{G}(T)$의 계수들은 체 K에 속하므로, 값 z도 K에 속한다.

7) 이 정의와 함께 '실험'하기를 원하는 사람들은 아마 확장체들의 탑에 대한 다음 차수공식을 증명하기를 원할 것이다.

정리 10.10 임의의 포개진 체의 탑 $K \subset L \subset E$에 대하여, K 위의 E의 전체 차수는 L 위의 E의 차수와 K 위의 L의 차수의 곱과 같다.

이 정리를 증명하기 위하여, 두 중간 확장체들에 대한 기저를 선택하고, 각 기저에서 하나씩의 원소들의 모든 곱을 형성하여, 그 결과가 전체 확

장체의 기저를 이룬다는 것을 입증한다.

이 차수공식은 고전적 작도문제들의 불가능성을 증명하는 데 이용된다. 이 장의 마지막에 있는 이 논제에 관한 절을 참조하여라.

8) U의 다른 두 자기동형사상 σ_1과 σ_2에 대하여, $\tau \circ \sigma_1$와 $\tau \circ \sigma_2$도 역시 다르다는 것이 성립한다. 또한 U의 임의의 자기동형사상 ν는 이러한 방법으로, 즉 $\tau \circ (\tau^{-1} \circ \sigma_1) = \nu$의 형태로 얻어진다.

9) 만약 그 Galois 군의 자기동형사상 τ를 다항식

$$\prod_{\sigma \in G}(X - \sigma(x_j)) = 0$$

의 계수들에 적용하면, 그 결과는 일차인수들의 어떤 치환으로 그 계수들은 바뀌지 않고 남는다. 정리 10.8에 의하여, 계수들은 K에 속하여야 한다. 원래 다항식의 기약성과 정리 9.7에 의하여, 모든 근들, 특히 근 x_k는 그 곱에 나타나야 한다.

10) 부분군이 켤레부분군과 같지 않은, 그래서 두 개의 다른 중간체를 얻게 되는 예는 앞에서 살펴보았던 예에서 찾아볼 수 있다.(그림 10.2 참조) 즉, $\mathbb{Q}(\sqrt{3 + \sqrt{2}})$와 $\mathbb{Q}(\sqrt{3 - \sqrt{2}})$이다.

11) 임의의 중간체 $L = K(y_1, \cdots, y_n)$에 대하여, 그 관련 부분군 U가 Galois 군 $\mathrm{Aut}(L \mid K)$의 정규부분군일 때 임의의 지수 $j = 1, \cdots, m$에 대하여, 그 계수들이 체 K에 속하고 그 모든 근들이 체 L에 속하는 방정식

$$\prod_{\sigma \in G/U}(X - \sigma(y_j)) = 0$$

을 얻는다. 그러면 $y_1, \cdots, y_n$에 추가하여, 체 $L = K(y_1, \cdots, y_n)$를 확장하지 않고 근 $\sigma(y_j)$들을 첨가할 수 있다.

12) 논의를 위해, B. L. van der Waerden, Die Galois-Theorie von Heinrich Weber bis Emil Artin, *Archive for History of Exact Sciences*, 9 (1972),

pp. 240-248를 참조하여라.

13) 이 정리는 복소수체의 부분체들뿐 아니라 모든 체에 대하여 성립한다.

14) 10.13절에서 논의된 확장을 포함한다.

15) 이러한 부분군의 관계는, 체 K에서 체 K'로의 확장에서 생기는 것으로, Galois가 처음으로 했던 원래의 고찰에서 확립했던 바로 그 관계임을 관찰하여야 한다.

16) 순전히 군이론의 관점에서, modulo n의 원시근은 순환군 $\mathbb{Z}/(n-1)\mathbb{Z}$ 과 곱셈군 $\mathbb{Z}/n\mathbb{Z}-\{0\}$의 한 동형사상을 만든다. 이 동형사상은 $\mathbb{Z}/n\mathbb{Z}-\{0\}$의 부분군들을 쉽게 찾을 수 있도록 한다.

17) 확실히 더 약하지만 실제로는 동치인 그 정의에서의 수정은 그 몫이 단지 가환이라는 것이다.

18) 그 체 확장들이 체 $K(x_1, \cdots, x_n)$ 밖으로 나오게 되는 것을 결코 배제하지 않는다.

19) 차수공식이나 Galois 이론의 다른 결과들을 이용하지 않고 초보적인 방식으로, 다른 고전적 작도문제뿐 아니라, 이 문제를 푸는 한 방법은 Detlef Langwitz에 의하여 Eine elementare Methode fur die Unmoglichkeit bei Konstruktionen mit Zirkel und Lineal, *Elemente der Mathematik*, 17 (1962), pp. 54-58에 기술되어 있다. 추가로, 3차 방정식들의 근들을 나타내기 위해 얼마나 적은 수의 제곱근들이 필수적인가 하는 논의가 있다.

맺는말

결국 시작이었다. 역사적으로나 이 소개 글의 주제의 체제와 관련하여 마지막 결과는 새로운 시작을 낳는다. Cardano와 Ferrari에 의해 제시된 다항방정식의 근호에 의한 풀이 문제가 해결되었지만, 그 해법과 관련된 대상인 군(group)과 체(field)는 '심미적' 의미를 넘어서서 그들의 일반적인 성질에 대한 많은 질문을 제기하였다. 이 분야와 함께 관련된 응용과 기법이 여러 연구 분야에서 적용될 수 있다는 인식은 대수학, 즉 기본적 산술연산을 다루는 수학의 분야가 수학의 주요 교과과정의 하나로 편성되도록 하였다. 현대대수학의 영역에서 관심의 대상들은 가능한 한 가장 넓은 일반성 속에서 정의되고 '분류되며' 그들의 기본구조에 따라 범주화된다. 가장 효과적으로 이 목적을 수행하기 위해서, 예를 들어 가환군과 유한체를 부분범주로 갖는 군과 체의 경우처럼 필요에 따라 일반분류가 세분된다. 또한 그러한 분류는 예를 들면 곱셈연산에 대한 역원의 존재성을 제외한 체의 모든 조건을 만족하는 가환환의 정의와 같이 일반화된다.[1]

그와 같은 공리적인 방법에 의해 수학적 대상을 전개하는 것에는 다음과 같은 여러 가지 장점이 있다.

- 수학이 더 명료해진다. 특히 공통적인 성질을 보여주는 여러 수학적 대상들의 모임이 갖는 기본성질들을 쉽게 인식할 수 있다.

- 일단 특정한 해석과 응용이 제거되고 나면 수학은 당연한 것으로 받아들여야 하는 근본적인 '진리들'로부터 자유로워진다. 예를 들어 평행선 공리의 비 Euclid 기하학들로의 일반화와 함께, 고대로부터 괴롭혀온 문제, 즉 평행성공리의 증명 불가능성을 확립시킬 수 있게 되었다.

- 중요한 사실들을 다른 상황에서 매번 반복하여 증명할 필요가 없기 때문에 그러한 공리적인 접근 방법이 적어도 수학 전체에 대해서 더 경제적이다. 더욱이 이러한 일반원리는 사실 수학의 주된 관심사로, 더 일반적으로 성립하는 원리로부터 종종 특별한 경우로 유도될 수 있다.

그러한 공리에 바탕을 둔 수학은 우리의 물질적 인지의 세계와 단지 간접적으로 관계한다는 점에서 서술적인 자연과학과 나누어지지만 Linnae의 생물 분류체계에서부터 기본물질의 대칭성 분류와 관련된 화학원소의 주기율표에 이르기까지 그러한 자연과학에서조차 분류는 중요한 역할을 한다는 점에 주목해야 한다. 이 책이 마지막 장에서만 그리고 그 앞 장에서 내키지는 않지만 현실적인 이유로 그러한 구조적인 접근방법을 택했던 이유는 흥미를 갖는 수학자가 아닌 사람들에 대한 어려움을 최소화하기 위함이다. 처음 만났을 때 불투명해 보이는 정의와 개념의 다중성은 수학자가 아닌 사람들에게는 거의 극복할 수 없는 장벽이다. 아마도 마지막 장을 읽은 어떤 독자들은 저자의 의도와 반대로 그러한 느낌을 받았을 것이다.

불필요한 복잡함을 피하기 위해, 몇 가지 내용들은 의도적으로 피하였는데, 그 중에 다항식과 관련된 것도 있다. 형식적인 정의를 생략한 채 다항식이란 어떤 고정된 집합 위의 원소를 계수로 갖는 한 개 이상의 변수 X, Y, $\cdots$ 들의 곱의 형식적인 합이라고 묵시적으로 받아들였다. 일반적으로 이 집합은 특별한 체이지만 정수환일 수도 있고, 추가적인 변수에 대한 모든 다항식들의 집합일 수도 있다.

그러한 형식적인 다항식은 이 다항식 변수를 어떤 수 집합에서 택해진 구체적인 값 a, b, $\cdots$ 으로 대치시킬 때 그 다항식에 의하여 정의되는 함수와 구분하여야 한다. 다항식에 대해 서로 다른 형식의 합과 곱 연산이 가능하다. 즉, 하나는 다항식 자체에 대한 합과 곱 연산이고 다른 하나는 다항식 함수 값에 대한 합과 곱의 연산이다. 두 형태의 연산은 서로 조화를 이룬다. 즉

$$(f+g)(a) = f(a) + g(a), \ (f \cdot g)(a) = f(a) \cdot g(a)$$

임을 보일 수 있다.

복소수들의 부분체로 논의대상을 국한함으로써 표현을 단순화하였다. 대수학의 기본정리에 의하여, 모든 복소수 계수 다항식은 명백히 분해체를 갖는다. 그러한 접근방식의 실용성과 대수학의 기본정리의 중요성에도 불구하고 논증 양식은 대수학과 거의 무관하다. 기본정리가 거리나 중간 값의 추정과 관련된 논증학인 해석학(미적분학)을 사용하여 증명되었기 때문에, 그 정리의 명칭을 역사적 유물로만 취급할 뿐만 아니라, 예를 들어 유한체와 같은 다른 경우로의 일반화에 유사한 방법을 사용할 수도 없다.

이와 같은 이유로 대수학에서는 일반적으로, Galois 이론에 매우 중요한 분해체를 구하기 위해 완전히 다른 방침을 택하는 것을 납득할 것이다. 체 K와 K 위의 기약 다항식에 대하여, 대응하는 방정식

$$x^n + a_{n-1}x^{n-1} + a_{n-2}x^{n-2} + \cdots + a_1 x + a_0 = 0$$

의 모든 근을 품는 체 확장을 완전히 형식적인 방법으로 구성할 수 있다. 어떤 형식적 값 α의 첨가에 의하여 이것을 수행한다. 여기서

$$k_0 + k_1 \alpha + k_2 \alpha^2 + \cdots + k_m \alpha^m, \quad k_0, \ k_1, \ k_2, \ \cdots, \ k_m \in K$$

와 같은 형태의 식을 계산할 때, 다음 단축식을 적용한다.

$$\alpha^n = -a_{n-1}\alpha^{n-1} - a_{n-2}\alpha^{n-2} + \cdots - a_1 \alpha - a_0$$

결과적으로 $m \leq n-1$로 할 수 있다. 따라서 집합

$$K[\alpha] = \left\{ k_0 + k_1 \alpha + k_2 \alpha^2 + \cdots + k_{n-1}\alpha^{n-1} \,|\, k_j \in K \right\}$$

은 주어진 방정식의 한 근으로 α를 품는 체를 이룬다.[2] 여기서 다소 까다로운 것은 집합 $K[\alpha]$가 나눗셈 연산에 대해 닫혀있다는 사실에 대한 증명이다.[3]

만약 주어진 다항식이 체 $K[\alpha]$ 위에서 기약다항식으로 인수분해가 된다면 추가적으로 첨가를 계속한다. 이런 방법으로 마침내 완전히 대수적으로 만들어진 분해체를 얻게 된다.[4] 이것은 일의적으로 결정되는데, 임의의 다른 분해체가 이것과 동형(isomorphic)이라는 의미에서다. 즉, 두 체의 원소들이 기본 산술연산을 보존하는 일대일 대응 관계에 있다.[5]

지금까지 기술한 형식화를 가지고, 순수하게 대수적인 방법으로 Galois 이론에 의하여 취급할 수 있도록 일반방정식을 수정할 수 있다. 제5장에서 일반방정식은 형식적 변수 x_1, x_2, $\cdots$, x_n가 관련된 기본 대칭다항식

$$s_1(x_1,\ x_2,\ \cdots,\ x_n) = x_1 + x_2 + \cdots + x_n$$
$$s_2(x_1,\ x_2,\ \cdots,\ x_n) = x_1 x_2 + x_1 x_3 + \cdots + x_{n-1} x_n$$
$$\cdots$$
$$s_1(x_1,\ x_2,\ \cdots,\ x_n) = x_1 x_2 \cdots x_n$$

에 관하여 결정되어야 하는 방정식으로 보았다. 체 확장의 용어로서 말하자면, 이는 다항식의 계수들이 속한 체 K에서 시작하여 체 $K(s_1, s_2, \cdots, s_n)$로부터 체 $K(x_1, x_2, \cdots, x_n)$로의 확장과정을 다루는 상황에 해당한다. 대칭다항식의 일의성 정리에 의해, (제5장의 이 주제 관련 절 참조) 체 $K(s_1, s_2, \cdots, s_n)$ 안의 기본 대칭다항식들을 마치 그들 사이에 어떠한 형식적 다항식 관계도 갖지 않는 형식적 변수처럼 다룰 수 있다. (이를 '대수적으로 독립적인' 양이라 부르기도 한다.) 따라서 방정식의 계수 a_0, a_1, $\cdots$, a_{n-1}을 변수로 보고 이에 대해 위에서와 같이 분해체를 얻는 과정을 통해 완전히 동치인 다른 방법으로 일반방정식을 설명할 수 있다.

처음에는 정의에 의해, 두 번째는 동치에 의해[6] 근들은 그들 사이에 아무

런 관계를 갖지 않기 때문에 일반방정식의 Galois 군은 전체 대칭군이다.

정리 E.1 n차 일반방정식의 Galois 군은 대칭군 S_n이다, 즉, n개의 근 x_1, x_2, $\cdots$, x_n의 모든 치환을 포함한다.

따라서 Lagrange에 의해 처음으로 발견된 일반방정식에 대한 결과는 Galois 이론의 특수한 경우이다. 임의의 중간체는 관련 치환군에 속하는 동형사상들에 의해 고정되는, 변수 x_1, x_2, $\cdots$, x_n에 관한 다항식들에 의해 생성된다. 특히, 특정한 n차의 일반방정식의 풀이가능성은 대칭군 S_n의 풀이가능성과 동치임을 자연스럽게 알 수 있다. Abel의 불가능정리는 다음 군이론의 정리에 대응한다.

정리 E.2 $n \geq 5$에 대하여, 대칭군 S_n은 풀이가능이 아니다.

여러 교과서에서는 이 정리의 증명을 사용하여 Abel의 정리를 유도한다. Ruffini가 사용한 논법과 유사한 논법을 사용하여 증명할 수 있다. (제5장 끝에 있는 이 주제에 대한 절 참조) 이를 위해, 먼저 다음 정리를 증명한다.

정리 E.3 $n \geq 5$에 대하여, 대칭군 S_n의 부분군 G가 3-순환치환 즉, 서로 다른 세 원소 a, b, c에 대하여 $a \rightarrow b \rightarrow c \rightarrow a$와 같은 형태의 순환치환들을 모두 포함한다고 가정할 때, 만약 N이 몫 G/N이 가환(commutative)인 G의 정규부분군이면 N은 모든 3-순환치환을 포함한다.

이 예비정리를 증명하기 위해, 임의의 3-순환치환 $a \rightarrow b \rightarrow c \rightarrow a$을 (a, b, c)로 나타내면 (a, b, c)는

$$(a, b, c) = (d, b, a)^{-1} \circ (a, e, c)^{-1} \circ (d, b, a) \circ (a, e, c)$$

와 같이 3-순환들의 곱으로 표현할 수 있다. 여기서, 두 원소 d, e는 a, b, c와 다르고, 서로 다른 임의의 원소이다. 몫 G/N이 가환임으로 그 곱은 항등원을 나타내는 잉여류, 즉 N에 속한다. 따라서 모든 3-순환치환은 N

에 속한다.

방금 증명한 정리에 의하여, 대칭군 S_n의 풀이과정에 대응하는 상행연쇄(ascending chain)에 있어서의 각 부분군은 반드시 S_n의 모든 3-순환치환들을 포함해야 하므로, 자명인 부분군이 될 수 없고, 결과적으로 $n \geq 5$일 때 대칭군 S_n은 풀이가능이 아니다.

더욱이, 동일한 논법이 모든 짝치환(even permutation)들의 군으로 정의되는, 교대군(alternating group) A_n에 대해서도 적용될 수 있다. 교대군 A_n은 몫 S_n/A_n이 두 개의 원소를 갖는 가환군이므로, 대칭군 S_n의 정규부분군임을 주목한다. 일반방정식에서 교대군은 판별식의 제곱근을 첨가한 중간체에 대응한다.

일반방정식에 대한 바탕체 K가 복소수체의 부분체인 범위 안에서, Galois 이론의 확장과 제곱근 확장에 대한 그 응용이 가능하다는 것을 묵시적으로 가정하여도 아무런 문제가 없다. 그러나 일반적인 체로 Galois 이론을 확장하는 것에는 두 가지 더 복잡한 요소를 고려해야 한다.

• 기약다항식이 서로 다른 근을 가질 때만 Galois 이론의 일반화가 가능하다. 그렇지 않으면 분해체의 임의의 자기동형사상이 근들의 치환에 의하여 일의적으로 결정되지 않을 뿐 아니라, Galois 분해를 만드는 데도 문제가 발생한다. 그렇지만 체의 표수(characteristic)가 0이거나 유한체이면 이 점에 관한한 일반화에 아무런 문제가 없다.~(10.14절 증명 마지막 부분 참조)

• Lagrange 분해를 사용한 거듭제곱근 확장의 특성화는 체 확장의 차수에 의해 항상 나눌 수 있다는 가정 아래 이루어진다. 유한 표수를 갖는 체에서는 이것이 항상 가능하지는 않다.[7]

이전 장에 소개된 다른 조심해야 할 상황(hole)은 유한체와 관련된 것으로, 제10장에서 소개된 예 이외에는 소수 modulo의 잉여류 체의 형태로 단지 간접적으로만 사용하였다. 특히 modulo n 원시근의 존재성을 사용하여 원분방정식은 1의 n차 제곱근들의 적절한 합, 즉 주기를 이용하여 풀 수 있다. 따라서 소수 n에 대해 $g = g^1$, g^2, $\cdots$, g^{n-1}이 서로 다른 0이 아닌 잉여류 1, 2, $\cdots$, $n-1$를 나타내는 정수 g가 존재한다고 가정할 수 있다.

대수구조(algebraic structures)를 이용하여, 이 사실은 다소 일반화된 모습으로 다음과 같이 재구성할 수 있다.

정리 E.4 임의의 체에 대한 곱셈군의 모든 유한 부분군은 순환군이다.

유한체 $\mathbb{Z}/n\mathbb{Z}$의 부분군과 관련된 흥미 있는 응용이 Legendre(1752~1833)에 의해 처음으로, 잉여류에 관한 명제의 형태로 증명되었다. 이전에 Euler에 의해 주어진 증명은 불완전한 것으로 간주되었다. 잉여류에 대한 대규모의 계산에 근거한 증명을[8] 제공할 수는 있지만, 우리는 짧고 보다 쉽게 이해할 수 있는 일반화된 정리의 증명을 제공한다.

먼저, 자연수 d에 대하여 집합 $\{1, 2, \cdots, d\}$의 원소들 가운데 d와 서로소(relatively prime)인 수들의 개수를 대응시키는 Euler의 ϕ 함수를 조사한다. 예를 들어, 1과 6사이의 자연수들 가운데 6과 서로소인 수는 1과 5뿐임으로 $\phi(6) = 2$이고, 1, 3, 5, 7이 8과 서로소이므로 $\phi(8) = 4$이다. 오일러 ϕ 함수는 다음 성질을 만족한다.

$$\sum_{d|n} \phi(d) = n$$

이 합은 n의 모든 약수 d에 대하여 취해진다. 이 공식이 성립하는 이유를 알아보자. 이것을 위하여 먼저, 예를 들어 정수 0, 1, 2, $\cdots$, $n-1$로 나타내는 임의의 modulo n 잉여류 j의 군 $\mathbb{Z}/n\mathbb{Z}$의 원소로서의 위수(order) d를 생각하자. 임의의 그런 위수 d는 n의 약수가 되어야 한다. 또, j는 어떤 정수 $m \cdot \dfrac{n}{d}$의 잉여류이다. 따라서 j는 잉여류 $\dfrac{n}{d}$에 의해 생성된 부분군에 속한다. 이 군은 위수가 d인 순환군이므로 군 $\mathbb{Z}/d\mathbb{Z}$와 동형이고, 따라서 정확히 $\phi(d)$개의 위수 d인 원소가 존재한다. 따라서 이렇게 얻어진 n개의 원소를 갖는 군 $\mathbb{Z}/d\mathbb{Z}$의 분할이 위 합의 공식에 정확히 대응된다.

준비과정을 마쳤으니, 이제 정리의 주된 내용인 체에 대한 곱셈군의 유한 부분군 U에 대해 살펴보자.

만약 어떤 자연수 d에 대하여, U의 원소 x에 의해 생성되는 군이 d개의 원소를 갖는 군 $\{1,\, x,\, x^2,\, \cdots,\, x^{d-1}\}$이 되는 원소 x가 존재하면 10.4절에 따라 d는 군 U의 원소개수 $|U|$의 약수이다. $x^d = 1$임으로 이 군의 모든 원소는 다항식 $X^d - 1$의 근이다. 4.2절에 의해, 다항식의 각 영점에 대해 일차인수로 분해되어 이 다항식은 많아야 d개의 근을 가질 수 있으므로, d개의 원소들을 생성하는 부분군 $\{1,\, x,\, x^2,\, \cdots,\, x^{d-1}\}$ 밖의 U의 원소는 존재할 수 없다. 따라서 U에는 d개의 원소를 갖는 부분군을 생성하는 원소가 한 개도 없든지 아니면 그런 원소가 $\phi(d)$개 존재해야 한다. 이전에 군 $\mathbb{Z}/n\mathbb{Z}$을 각 원소에 의해 생성되는 부분군의 크기에 따라 분해하였듯이 군 U를 분해하면, $n = |U|$에 대해 다음과 같은 합의 공식을 얻는다.

$$ n = \sum_{d \mid n} \phi(d) \cdot \delta_d $$

여기서 δ_d는 0 또는 1이다. 여기서 앞에 유도한 공식과 비교하면, n의 임의의 약수 d에 대하여 항상 $\delta_d = 1$임을 알 수 있다. 특히 n개의 원소를 갖는 부분군, 즉 U 전체를 생성하는 $\phi(n)$개의 U의 원소가 존재한다. 따라서 군 U는 순환군이다.

1 Fermat의 작은 정리 : 소수 p와 서로소인 자연수 a에 대해 $a^{p-1}-1$ 이 p에 의해 나누어떨어짐을 보여라.

2 Wilson의 정리 : 소수 p에 대해 $(p-1)!+1$이 p에 의해 나누어떨어 짐을 보여라.

3 일반화된 Fermat의 작은 정리: 자연수 n과 서로소인 자연수 a에 대 해 $a^{\phi(n)}-1$이 n에 의해 나누어떨어짐을 보여라.
힌트 : 먼저 n과 서로 소인 정수로 표현되는 $\mathbb{Z}/n\mathbb{Z}$의 잉여류들의 집 합이 곱셈에 대해 군을 이룸을 보여라.

4 $n=pq$가 서로 다른 소수 p와 q의 곱이고, u와 v가 $(p-1)(q-1)$이 $uv-1$로 나누어떨어지는 자연수일 때, 모든 자연수 a에 대해 a^{uv} $-a$가 n에 의해 나누어떨어짐을 보여라.[9] 이 경우 두 쌍 (u, n)과 (v, n)이 암호 키 역할을 하는데 하나는 암호를 만들고, 다른 하나는 암호를 해독하는 데 사용한다. **비대칭 암호 알고리즘**이라 부르는 도구 가 있다. 암호화 및 복호화 과정에서 하나의 키를 사용하는 대칭 알 고리즘과는 달리 RSA 알고리즘에서는 하나의 키, 즉 암호화를 위한 키가 공인되지 않은 사람들에 의해 암호화된 메시지가 풀릴 수 있는 두려움에도 불구하고 공개된다. 따라서 RSA 알고리즘을 **공개키 암호** 라 한다.
힌트 : a가 p 또는 q에 의해 나누어떨어지는 경우를 포함하기 위하여, $a^{uv}-a$가 p와 q에 의해 각 각 나누어떨어짐을 증명하여라.

5 다음 사실을 증명하여, 대수적 방법으로 대수학의 기본정리를 증명하 여라. 즉, 상수가 아닌 복소수 계수 다항식 $f(X)$에 대하여 만약

$f(X)$를

$$f(X) = (X - x_1)(X - x_2) \cdots (X - x_n)$$

과 같이 복소수체의 어떤 대수적 확장체에서 일차인수로 인수분해하면 (이는 대수적 방법에 의해 항상 가능하다.) 실제로 $x_1, x_2, \cdots, x_n$ $\in \mathbb{C}$이다. 먼저 다음 사항을 증명하여라.

- 정리가 2차 다항식 $f(X)$에 대해 성립한다. (제2장의 연습문제 1 참조)
- 근들 가운데 어느 하나 x_j가 복소수임을 보이면 충분하다. 더욱이 실 계수 다항식에 대해서 정리가 성립함을 보이면 충분하다.

증명은 다항식의 차수를 나누는 가장 큰 2의 거듭제곱에 대한 수학적 귀납법을 사용한다. 귀납법의 기본단계로 미적분학을 사용하여 실 계수를 갖는 홀수 차수 다항식에 대해 정리를 증명한다. 귀납법 다음 단계로 적당히 선택된 매개변수 c에 대해 다음 형태의 다항식을 조사한다.

$$g_c(X) = \prod_{i<j}(X - (x_i + x_j + cx_ix_j))$$

6 소수 p와 서로 소인 자연수 a에 대해 Legendre 기호를 다음과 같이 정의한다.

$$\left(\frac{a}{p}\right) = \begin{cases} +1 & \text{어떤 정수 } s \text{ 와 } k \text{에 대해 } a = s^2 + kp \text{일 때} \\ -1 & a\text{가 위의 표현을 갖지 않을 때} \end{cases}$$

따라서 Legendre 기호는 a에 대응하는 잉여류가 잉여류들의 곱셈군 $\mathbb{Z}/p\mathbb{Z} - \{0\}$에서 제곱으로 표현될 수 있는지 여부를 말해준다. 시행착오에 의해 Legendre 기호를 정할 수 있지만 직접 계산할 수 있는 방법에 당연히 관심을 갖는다. 먼저, 식

$$a^{(p-1)/2} - \left(\frac{a}{p}\right)$$

가 p에 의해 나누어떨어짐을 보여라.

Legendre 기호의 다른 성질들은 1의 거듭제곱근의 성질을 이용하여 얻을 수 있다. 두 번째 소수 $q \geq 3$에 대해 ζ을 1의 q차 제곱근이라 하자. 즉,

$$\zeta = \cos\left(\frac{2\pi}{q}\right) + i\sin\left(\frac{2\pi}{q}\right).$$

길이 $(q-1)/2$인 주기는 modulo q 원시근 g에 대해

$$\eta_0 = P_{(q-1)/2}(\zeta), \quad \eta_1 = P_{(q-1)/2}(\zeta^g)$$

로 표현된다.~(7.2절 참조) 정수 $a_0, a_1, \cdots, a_{q-2}$에 대해 다음 식이 성립함을 보여라.

$$(\eta_0 - \eta_1)^p - \left(\frac{p}{q}\right)(\eta_0 - \eta_1) = p(a_0 + a_1\zeta + \cdots + a_{q-2}\zeta^{q-2})$$

또, (7.2절에서 이미 보이지 않았다면) 다음 식이 성립함을 보여라.

$$(\eta_0 - \eta_1)^2 = (-1)^{(q-1)/2}q$$

끝으로 정수 $b_0, b_1, \cdots, b_{q-2}$에 대한 등식

$$\left[(-1)^{\frac{q-1}{2}\frac{p-1}{2}}\left(\frac{q}{p}\right) - \left(\frac{p}{q}\right)\right](\eta_0 - \eta_1)^2 = p(b_0 + b_1\zeta + \cdots + b_{q-2}\zeta^{q-2})$$

으로부터 다음의 이차 상반법칙(law of quadratic reciprocity)이 성립함을 보여라.[10]

$$\left(\frac{p}{q}\right) = (-1)^{\frac{q-1}{2}\frac{p-1}{2}}\left(\frac{q}{p}\right)$$

7 원소의 개수 $|G|$가 소수 p의 배수인 군 G에 대하여, 함수 $\phi : G^p \to G^p$를

$$\phi(g_1,\ g_2,\ \cdots,\ g_p) = (g_2,\ \cdots,\ g_p,\ g_1)$$

으로 정의하고, 군 G의 항등원 ϵ에 대해 집합 X를 다음과 같이 정의한다.

$$X = \left\{ (g_1,\ g_2,\ \cdots,\ g_p) \in G^p \mid g_1 g_2 \cdots g_p = \epsilon \right\}$$

이 때, 다음 사실들이 성립함을 보여라.

- $|X| = |G|^{p-1}$
- ϕ는 X를 X로 보낸다.
- p에 의해 나누어떨어지지 않는 어떤 정수 k와 어떤 원소 $x \in G^p$에 대하여, $\phi^k(x) = x$가 성립하면 x의 모든 좌표는 같다.
- 각 $x \in G^p$에 대한 궤도(orbit) $\{x,\ \phi(x),\ \phi^2(x),\ \cdots\}$는 한 개나 또는 p개의 원소로 이루어진다.
- X에 있는 1-원소 궤도들의 수는 p로 나누어떨어진다.

1-원소 궤도를 갖는 원소 $x \in X$가 존재한다고 가정할 때, 1-원소 궤도가 아닌 궤도를 갖는 원소가 존재함을 보이고, 따라서 (Cauchy의 정리) 위수 p인 G의 원소가 존재함을 보여라.[11]

1) 체가 아닌 것으로 가장 잘 알려진 환들의 예는 정수환, 일변수 또는 다변수 다항식환, 소수가 아닌 자연수 n에 대한 잉여류 집합 $\mathbb{Z}/n\mathbb{Z}$ 등이 있다.

2) 형식적인 관점에서 이러한 접근은 정규부분군에 의한 몫의 구성과 유사하다. 주어진 환과 그 ideal이라고 부르는 어떤 부분환에 의하여 만들어지는 잉여류 환의 한 예이다. 새로운 대상을 구성하는 바로 이런 방법들은 유한군의 경우에 항상 가능했던 대칭군의 부분군들이나, 복소수체의 부분체들과 같은 대상과는 달리, 군이나 체와 같은 그런 대상들의 공리적 정의가 필요한 것이다.

3) 10.9절의 논증은 본질적으로 쉽게 확장될 수 있다. 즉, $K[\alpha]$에 속하는 원소에 대해 그 역원의 곱에 대응하는 연립일차방정식을 조사하면 된다. 그러나 영이 아닌 두 원소의 곱이 항상 영이 아니라는 사실의 증명을 위해, 10.9절의 고찰이 역시 필요하다.

4) 이 순수한 대수적 구성은 실은 완전한 귀납적 방법에 의해 대수학의 기본 정리를 증명하는데 사용될 수 있다. (방정식의 차수를 나누는 가장 큰 2의 거듭제곱에 대해 귀납법을 사용한다.) 증명의 전체 그림에서 해석학적 논법은 중간값의 정리에 의해 증명될 수 있는, 홀수 차수의 다항식이 항상 실근을 갖는다는 사실로만 사용된다. Jean-Pierre Tignol, *Galois' theory of Algebraic Equations*, Singapore, 2001, pp. 119, 121-122 와 이 장의 마지막에 소개된 연습문제 5 참조.

5) 체의 자기동형사상이란 단순히 동일한 체에 대한 동형사상을 의미한다.

6) 물론, 직접증명이 역시 가능하다. $h(x_1, x_2, \cdots, x_n) = 0$을 만족하는 다항식 $h(X_1, X_2, \cdots, X_n)$으로부터 다음과 같은 곱을 얻는다.

$$g(X_1, X_2, \cdots, X_n) = \prod_{\sigma \in S_n} h(X_{\sigma(1)}, X_{\sigma(2)}, \cdots, X_{\sigma(n)})$$

다항식 g는 변수 $X_1, X_2, \cdots, X_n$에 대해 대칭이므로 이 변수들의 기본 대칭다항식을 변수로 갖는 다항식으로 표현된다. 따라서 다음과 같은 표현을 갖는 다항식 $u(Y_1,\ Y_2,\ \cdots,\ Y_n)$이 존재한다.

$$g(X_1,\ X_2,\ \cdots,\ X_n)$$
$$= u(s_1(X_1,\ X_2,\ \cdots,\ X_n),\ \cdots,\ s_n(X_1,\ X_2,\ \cdots,\ X_n))$$

근 $x_1,\ x_2,\ \cdots,\ x_n$을 이 등식에 대입하면

$$0 = g(x_1,\ x_2,\ \cdots,\ x_n) = u(a_{n-1},\ \cdots,\ a_1,\ a_0)$$

를 얻는다. 따라서 $u = 0$을 보여준다. 앞서 소개한 다항식들의 등식으로 부터 $g = 0$, $h = 0$이 성립한다.

7) 실제로, 예를 들어 2-원소 체 $\mathbb{Z}/2\mathbb{Z}$ 위의 2차 일반방정식은 근호에 의한 풀이가 불가능하다. B. L. van der Waerden, Algebra I, 62절 참조.

8) 예를 들어 Jay R. Goldman, The Queen of Mathematics, Wellesley, 1998, 10장 참조.

9) 이 연습문제의 중요성은 잉여류 집합 $\mathbb{Z}/n\mathbb{Z}$의 자신으로의 함수 $x \rightarrow x^u$ 와 $x \rightarrow x^v$는 서로 역함수 관계라는 것이다. 이러한 구성이 RSA 암호화 과정의 형태로 암호론에 사용된다. 여기서 수백 자릿수의 매우 큰 두 소수 p, q가 사용되며 오늘날의 가장 빠른 컴퓨터로도 수백만 년이 걸려도 이 들의 곱 $n = pq$으로부터 이 두 소수를 얻지 못한다.

10) 이차 상반법칙은 Carl Friedrich Gauss에 의해 1798년 4월 8일 그의 일 기책 목록에 기록된 대로 처음 증명되었다. 많은 수정법칙을 갖는 정수 론의 기본결과이다. 정수론의 다른 기본결과와 함께 이차 상반법칙은 르 장드르 기호를 매우 빠르게 계산하는 도구이다.

11) Cauchy의 정리는 보통 Ludwig Sylow(1832~1918)의 이름을 딴 보다 일반화된 정리의 형태로 소개되어 있다. Sylow 정리는 원소의 개수가 소수의 거듭제곱 형태인 부분군에 대한 주장을 담고 있다.

찾아보기

Student Mathematical Library Volume 35
GALOIS THEORY FOR BEGINNERS
by Jörg Bewersdorff

초보자를 위한
갈루아 이론

지은이   Jörg Bewersdorff
옮긴이   송현종 · 심효섭
펴낸이   조경희
펴낸곳   경문사
펴낸날   2015년 7월 20일 1판 1쇄
         2016년 5월 1일 1판 2쇄
등 록   1979년 11월 9일 제313-1979-23호
주 소   121-818, 서울특별시 마포구 와우산로 174
전 화   (02)332-2004 팩스 (02)336-5193
이메일   kyungmoon@kyungmoon.com

값 14,000원

ISBN 978-89-6105-921-3

★ 경문사 홈페이지에 오시면 즐거운 일이 생깁니다.
  http://www.kyungmoon.com

 한국과학기술출판협회 회원사